U0334749

False Alarm

How Climate Change Panic Costs Us Trillions, Hurts the Poor, and Fails to Fix the Planet

错误警报

气候变化只是虚惊一场

[丹麦] 比约恩·隆伯格（Bjorn Lomborg） 著

冯 诺 译

山西出版传媒集团 山西人民出版社

图书在版编目（CIP）数据

错误警报：气候变化只是虚惊一场 /（丹）比约恩·隆伯格著；冯诺译. -- 太原：山西人民出版社，2024.10

ISBN 978-7-203-13423-7

Ⅰ. ①错… Ⅱ. ①比… ②冯… Ⅲ. ①气候变化—研究 Ⅳ. ① P467

中国国家版本馆 CIP 数据核字（2024）第 106363 号

著作权合同登记号：04-2024-014

错误警报：气候变化只是虚惊一场

著　　者：（丹）比约恩·隆伯格
译　　者：冯　诺
责任编辑：姚　澜
复　　审：李　鑫
终　　审：梁晋华
装帧设计：陆红强

出 版 者：山西出版传媒集团·山西人民出版社
地　　址：太原市建设南路 21 号
邮　　编：030012
发行营销：0351-4922220　4955996　4956039　4922127（传真）
天猫官网：https://sxrmcbs.tmall.com　电话：0351-4922159
E-mail：sxskcb@163.com　发行部
　　　　sxskcb@126.com　总编室
网　　址：www.sxskcb.com

经 销 者：山西出版传媒集团·山西人民出版社
承 印 厂：鸿博昊天科技有限公司

开　　本：880mm × 1230mm　1/32
印　　张：9.25
字　　数：210 千字
版　　次：2024 年 10 月　第 1 版
印　　次：2024 年 10 月　第 1 次印刷
书　　号：ISBN 978-7-203-13423-7
定　　价：58.00 元

如有印装质量问题请与本社联系调换

赞 誉

“隆伯格不缺解决方案。在《错误警报》中，他提倡一系列经过成本效益分析的政策，用来解决气候变化和全球贫困……在指摘那些模糊而非澄清了环保辩论的夸张且歇斯底里的言论上，隆伯格有其贡献。”

——《国家评论》(*National Review*)

“研究细致，颇值得一读。”

——《福布斯》(*Forbes*)

“绝妙地总结了宣扬气候变化恐慌的机构身上的疯狂、伪善和猜忌……隆伯格出色地指出了气候变化恐慌的确是‘错误警报’，它把我们的时间和资源从真正的、可解决的问题上挪走了。”

——《新标准》(*New Criterion*)

“正是因为问题如此之严峻，(隆伯格) 才论称有必要冷静地对待它……隆伯格认为，在手上没有必要技术的情况下试图解决气候问题，这让我们恐慌地选择了最昂贵的路径。隆伯格有力地论证了这是傻瓜之举……矫正了诸多媒体所宣扬的主流环保观念。”

——《金融时报》(*Financial Times*)

“冷静而理性地分析了气候变化及其解决方案……《错误警报》是一本绝好的书。如果你的亲友中有人听信‘关于气候变化的耸动言论’，这本书会带来无价的修正，提供了平衡、解决方案和乐观的态度。”

——《泰晤士报》(*The Times*)

“在非洲的脆弱性和更加重视构建气候韧性的必要性上，隆伯格颇有说服力。”

——《爱尔兰时报》(*The Irish Times*)

“《错误警报》是对气候变化议题的详尽分析，代表了要求立刻变革（但不知其中所涉及实际问题）的尖锐声音和认为当前环境状态毫无问题的人之间的一种理性的平衡。”

——《纽约书报》(*New York Journal of Books*)

“处理全球变暖的最佳方式是让全球更繁荣……隆伯格写道，我们面临的选择分两种，一种是由恐惧驱动的未来，一种是由创新驱动的未来。这一点上，他完全准确。”

——《保卫者》(*The Bulwark*)

“隆伯格这些论断的最基本的前提始终是，缓解人类苦难有更好的方式，而不是把纳税人的钱花在由恐惧主导的无法解决气候变化的政治性方案上。很少有人会反对这一目标。”

——《美国思想者》(*American Thinker*)

“在全球变暖的议题上，主流和非主流新闻机构的日常呼喊似乎介于末日将至与完全否认之间。比约恩·隆伯格在其新书《错误警报》中则展现出少有的清醒与温和。隆伯格基于对该议题的多年研究与写作，成功地为气候辩论提供了急需的更加广阔的背景……希望这本书不仅能让公众、专家和政策制定者了解气候变化问题的规模，还能让他们知道政府可以采取的最积极的应对措施。”

——《世界和平国际报》（*International Journal of World Peace*）

“对一项有争议的全球议题的严肃且可讨论的分析。”

——《科尔克斯书评》（*Kirkus*）

“关于人类活动对全球气候影响的讨论常带有末世论调，对此比约恩·隆伯格的新书提供了一种以数据为基础、以人为中心的解毒剂。本书谨慎、有说服力，最重要的是，既明智又务实。”

——乔丹·彼得森（Jordan Peterson），
《人生十二法则》（*12 Rules for Life*）作者

“这是一本意义重大、论证精湛的书。那些认为气候变化不会发生的人和那些认为气候灾难迫在眉睫的人都应该阅读本书，他们将能够借助隆伯格细致入微的分析来纠正自己的错误。隆伯格毫不留情地揭示了世界正在花费巨资，通过愚蠢而昂贵的政策使穷人的生存困境和环境状况变得更糟的事实，这让我们其他人感到震惊。”

——马特·里德利（Matt Ridley），
《创新的起源》（*How Innovation Works*）作者

“《错误警报》是一本及时且重要的书。该书以最新的科学证据和严谨的经济分析为基础，为人们对气候末日即将到来的预言普遍存在的非理性恐慌提供了一剂良药。它为解决全球变暖问题提供了一套明智、合理的政策，同时也没有忽略困扰我们星球的其他众多问题，包括贫困和不平等。对于任何关心人类共同未来的人来说，这本书都是不可或缺的读物。”

——林毅夫，

前世界银行首席经济学家

“这是一本极好的书。在书里，比约恩·隆伯格通过统计学检视了气候变化未来的末日走向。他正确地指出，末日景象具有误导性，由恐慌驱动的决策是有真实成本的，尤其是对穷人来说。《错误警报》是本必读书。”

——比贝克·德布罗伊（Bibek Debroy），

印度总理经济顾问委员会主席

“比约恩·隆伯格是一个罕见的人物：一个对气候变化有着清醒认识的现实主义者。在《错误警报》一书中，他认为，面对地球变暖，什么都不做是愚蠢的，但如果假装我们正在做的事情能够显著减少二氧化碳排放，那就更愚蠢了。同时，花费巨大精力用于减少二氧化碳排放也需要付出代价。正如隆伯格所说，每年死于贫困和各类疾病的人数远远多于死于全球变暖的人数。和过去一样，我们人类有能力在不阻碍经济增长的情况下，大大减轻气候变化的不利影响，再一次适应气候变化。若想知道怎样做到，请阅读《错误警报》。”

——尼尔·弗格森（Niall Ferguson），

斯坦福大学胡佛研究所高级研究员

目录

contents

第一部分

对气候变化的恐惧

引　言

我们生活在一个充满恐惧的时代——尤其是对气候变化的恐惧。对我来说，有一张图概括了这个时代。这张图是一个女孩举着标牌：

你会死于年迈，而我会死于气候变化

这是媒体试图灌输给我们的讯息：气候变化正在摧毁我们的星球，还可能杀死我们所有人。各种信息中的语言充满末世色彩。新闻媒体宣称“地球即将被焚毁”，分析家暗示全球变暖会在短短几十年内灭绝人类。最近，媒体又在传播消息说人类只剩下十年的时间拯救地球，把 2030 年设置成拯救人类文明的最后期限。为此，我们必须彻底重塑每一个主流经济体，从而终结化石燃料的使用，把二氧化碳排放量降至 0，让所有经济活动完全建立在可再生能源的基础之上。[1]

孩子们生活在恐惧之中，走上街头抗议。活动家封锁城市和机场，旨在让每个地球人都意识到自己正在面临“屠杀、死亡和饥饿”。[2]

一些有影响力的书刊加深了这一认知。2017 年，记者大卫 · 华莱士 – 威尔斯（David Wallace–Wells）为《纽约》（*New York*）杂志撰写了一篇长文，描述了全球变暖令人惊恐的影响。尽管大部分科学家批评该文夸大其词且具有误导性，但这位记者还是围绕这一论点写了一本书，以《不宜居的地球》（*The Uninhabitable Earth*）为名出版，并畅销全球。该书大言不惭地危言耸听道："比你想的糟糕，糟糕得多。"博物学家比尔·麦吉本（Bill McKibben）在其2019年出版的《衰退》（*Falter*）一书中发出警告：全球变暖是人类文明的最大威胁，甚于核战争；它终结人类的方式，不是用一次性的爆炸，而是用"不断上升的海平面"。近期，这些带着故意吓人的书名和讯息的书籍，压得书柜都发出怨言：《一场灾难的田野笔记：人类、自然和气候变化》（*Field Notes from a Catastrophe: Man, Nature, and Climate Change*）、《孙辈的风暴：关于即将到来的气候灾难的真相以及我们拯救人类的最后机会》（*Storms of My Grandchildren: The Truth About the Coming Climate Catastrophe and Our Last Chance to Save Humanity*）、《大癫狂：气候变化和无法想象之事》（*The Great Derangement: Climate Change and the Unthinkable*）和《这是世界终结的方式：旱灾、灭绝、热浪和飓风如何齐聚美国》（*This Is the Way the World Ends: How Droughts and Die-offs, Heat Waves and Hurricanes Are Converging on America*）。[3]

媒体给环保活动家提供了宽阔的平台，自身也参与到造势活动中，进而加固了这种极端论调。《纽约时报》（*The New York Times*）警告称："全球范围内，气候变化的发生速度都比科学家预测的快。"《时代》（*Time*）杂志的封面告诉我们："令人担忧，非常令人担忧。"英国《卫报》（*The Guardian*）则更进一步，修改其语言风格手册，要求记者现在必须使用"气候紧急状态""气候危机""气候崩溃"这样的术语，全球变暖则应该是"气候变热"。该报主编认为"气候变化"一词不够骇人，辩称该词"听起来相当被动和温和，而科学家讨论的可是一场能够毁灭人类的灾难”。[4]

不出意外，结果是大多数人忧心忡忡。2016 年的一项调查发现，在包括阿联酋和丹麦在内的诸多国家，大部分人认为世界正变得越来越糟，而非越来越好。在地球上最发达国家之二的英国和美国，调查结果惊人地显示，65% 的人对未来持悲观态度。一项 2019 年的调查发现，全球近乎一半的人认为气候变化可能会终结人类。在美国，40% 的人认为全球变暖将导致人类灭绝。[5]

这种恐惧会造成真切的后果。比如人们决定不生孩子。一名女性告诉记者：“我知道人类生来是要繁衍的，但我现在的第一反应是不生孩子，不让孩子经历未来的恐怖。”媒体都在支持这一选择，《国家》（*The Nation*）杂志也在文中反问：“气候变化正在重塑地球生命，你怎么还能下决心生孩子？”[6]

如果说成年人只是担心，孩子可以说是恐惧了。2019 年《华盛顿邮报》（*The Washington Post*）的一项调查显示，13—17 岁的美国孩子中，57% 害怕气候变化，52% 感到愤怒，42% 觉得愧疚。2012 年一项对丹佛三所学校 10 至 12 岁儿童的学术研究发现，82% 的学生在谈论对环境的感觉时表达过恐惧、悲伤和愤怒，大多数孩子对地球的未来都持有末日论的观点。70% 的孩子表示，他们主要从电视和电影中获取到这个令他们恐惧的观点。10 岁的米格尔这样谈论未来：

> 由于全球变暖，未来将不会有那么多国家，因为我在探索频道和科学频道的节目上听说三年内世界可能会因变得太热而发洪水。

这些发现如果在全美国的范围内有效，说明超过一千万美国儿童对气候变化感到恐惧。[7]

这种恐惧也造成全球各地的孩子开始旷课以抗议全球变暖。如果世界就快灭亡了，上课还有什么意义呢？最近，一名丹麦一年级学生真诚地问老师："如果世界末日到来，我们该做什么呢？我们要去哪里？屋顶吗？"父母们可以在网上找到汗牛充栋的手册和指南，标题诸如"在世界滑向灾难之际如何当父母""世界末日生育指南"等。因此，一个小姑娘会举着代表她这一代真实恐惧的标牌："我会死于气候变化。"[8]

从写《怀疑的环保主义者》(*The Skeptical Environmentalist*)开始，我参与气候变化政策的全球性讨论已近二十年。在这期间，我曾论述过气候变化是真实的问题。可能与你听说的不同，过去二十多年里，基本的气候发现一直非常一致。科学家们一致同意，全球变暖主要由人类造成，而他们预测的温度变化和海平面上升造成的影响，一直以来也都差不多。[9]

对于气候变化的现实，政治上的反应一直以来充满瑕疵——多年来我一直在指出这一点。我曾经论述过，并将持续论述，解决全球变暖问题，有比当前更明智的做法。但我周围的讨论近年来发生了剧烈变化，关于气候变化的话术变得愈加极端，也愈加偏离科学。在过去二十年里，气候科学家对于气候变化的知识有了细致的增进，也有了比过去更多也更可靠的数据。但与此同时，来自评论家和媒体的言辞变得愈加不理性。

科学表明，对于气候末日的恐惧是没有根据的。全球变暖的确真实存在，但并不会导致世界末日。它是一个可控的问题。但是，全球却有将近一半的人认为气候变化会让人类灭绝。这深刻地改变了政治现实，让我们加码了糟糕的气候政策，让我们越来越忽视其他挑战，比如流行病、食物短缺、政治斗争和冲突，抑或是将这些挑战统统纳入气候变化的大旗之下。

对气候变化的过度着迷意味着我们在无效的政策上浪费的钱正在从十亿级变成万亿级。与此同时，我们正在忽视世界上更紧迫、更易处理的挑战。我们把孩子和成年人吓得半死，此举不仅事实上是错误的，道德上更应受到谴责。

如果我们不喊停，当下的气候恐慌——尽管本意是好的——也仍然可能让世界变得比本来糟得多。这是我写本书的原因。我们需要淡化这种恐慌，看看科学，面对经济，理性地解决此问题。我们该如何解决气候变化，在影响世界的众多问题中如何安排其优先度?

气候变化真实存在，主要是由人类燃烧化石燃料排放二氧化碳所致，我们需要聪明地解决它。为此，我们应停止夸大，停止辩称它刻不容缓，停止把它当成唯一重要的议题。许多气候活动家步子跨得大到科学无法支撑的地步了。他们隐晦地指出甚至直言不讳，夸大可以接受，一切都是为了崇高的目标。2019 年，因一份联合国气候科学报告，活动家发出了过火的断言，该报告的一名科学家作者则对这种夸张提出预警。他写道："采用没有周密科学支撑的极端言论可能会导致公众走上弯路。"他说得没错。但是夸张的气候断言造成的影响远甚于此。[10]

我们被告知必须立刻行动。媒体没完没了地重复着，说我们*必须在 2030 年之前解决气候变化问题*。*这是科学说的*！[11]

但这不是科学告诉我们的。这是政治告诉我们的。之所以存在这样一个期限，是因为政客问了科学家一个非常具体的假设性问题：大体来说，把气候变化控制在一个几乎不可能的目标内，需要做什么？不出意外的是，科学家回复说几乎不可能，而要想接近那个目标需要在2030年之前社会各界作出巨大改变。

想象一下把类似的讨论放在交通事故致死人数上。在美国，每年有四万人死于车祸。如果政客问科学家如何把死亡人数控制到几乎不可能的零，一个好答案是，把全美国的限速降至每小时五公里，那样就不会死人了。但*科学*不是告诉我们必须限速到每小时五公里，而是在告知我们，*如果*想要零死亡，一种简单的实现方式是在全美国范围内严格贯彻每小时五公里的限速。但是，在低速零死亡与四通八达的社会之间做取舍，我们所有人都知道该如何选择。[12]

如今，这种对气候变化的一意孤行式的关注，导致许多国际性的、地区性的乃至个人的挑战都几乎全部统括在气候变化之下。你的房子有被淹没的风险——因为气候变化！你的社区有被飓风摧毁的风险——因为气候变化！发展中国家的人民正在挨饿——因为气候变化！几乎所有问题都被归咎于气候变化，那显而易见的解决方法就是通过大幅度减少二氧化碳排放调节气候变化。但这真的是最佳方式吗？

如果你想帮助密西西比洪泛区的人降低洪灾风险，有比降低二氧化碳排放量助益更多、更快、更便宜、更有效的方式。其中包括建立更好的水务管理体系，建造更高的堤防，制定更强有力的规范，将洪水引到某些洪泛区，从而避免或减轻别处的洪水。如果你想帮助发展中国家的人民减少饥饿，把重心放在削减二氧化碳上有点令人哭笑不得了，为他们提供更好的农作物品种、更多的肥料和市场权利，提供更多的脱贫机会，对他们的帮助更大、更快，成本也更低。如果我们言必称气候，那么常常只是在用最无效的方式帮助世界。

我们没有处在灭绝的边缘。事实上恰恰相反。末日将至的辞令掩盖了一个关键点：在几乎所有我们可测量的方式中，目前地球上人类的生活都处在历史上最好的时期。

自 1900 年以来，我们的预期寿命翻了番。1900 年，人均寿命只有 33 岁；如今超过了 71 岁。寿命增长对全球的穷人影响最深远。1990 至 2015 年，全球露天排便的比例从 30% 下降到 15%。健康不平等显著减少。全球识字率变得更高，童工在减少，我们生活在历史上最和平的年代。地球也在变得更加健康。在过去半个世纪，曾经最大的环境杀手——室内空气污染显著减少。1990 年，这造成了超过全球人口 8% 的死亡数，如今削减到只有 4.7%，意味着每年有 120 万本来会死的人得以幸存。更高的农业收成和对环境不断变化的态度意味着越来越多的国家在保护森林和再造森林上逐渐发力。自 1990 年以来，新增 26 亿人用上了水质提升的水资源。[13]

许多进步是因为我们（不论个人还是国家）变得更富裕而达成的。在过去三十年里，全球人均收入几乎翻倍，这极大地减少了贫困人数。1990 年，地球上几乎十分之四的人处于贫困，如今，少于十分之一。当我们变得更富，活得也就更美好更长寿，室内空气污染也就更少。政府提供了更多的医疗，更好的“安全网”，对环境和污染实施了更严格的法律和监管。[14]

重要的是，进步并未停止。世界在过去一个世纪里发生了向好的沧桑巨变，而在未来这个世纪将持续进步。专家的分析显示，我们可能会在未来变得更好。联合国的研究者称，到 2100 年平均收入将可能是如今的 450%。预期寿命将持续增加，达到 82 岁，甚至可能超过 100 岁。随着国家和个人持续变富，空气污染将进一步减少。[15]

气候变化会对世界产生总体上负面的影响，但跟我们迄今及未来将持续取得的所有收益相比，就显得苍白了。当下的研究显示，如果我们什么也不做，到 21 世纪末气候变化的损失将占到全球 GDP 的大约 3.6%。其中包含了全部负面影响，不只是因为更强的风暴造成更多的损失，还包括因热浪造成的更多死亡和因海平面上升而失去的湿地。也就是说，到 2100 年，我们的收入不是增长到现今的 450%，而是可能“仅仅”只增长到 434%。这当然是问题，但也显然不是灾难。正如联合国气候小组所言：[16]

> 对大部分经济部门来说，*与其他影响因素*，如人口、年龄、收入、技术、相对价格、生活方式、管制、治理等社会经济发展因素相比，*气候变化影响较小*。（斜体为作者标注）[17]

这才是我们应该教给孩子的信息。那个举着“我会死于气候变化”标牌的小女孩事实上不会死于气候变化，她很可能比父母、祖父母活得更长寿、更富裕，受到污染和贫困的影响也更少。

但是因为气候变化恐慌的贩卖，多数人听不到好消息。因为相信气候变化是远大于其实际情况的挑战，许多国家投入越来越多的资金解决它，用的方式也越来越不明智。证据表明，每年全球在气候变化上花费 4000 多亿美元，通过投资可再生能源等方式。[18]

这些费用可能会继续增长。2015 年，194 个国家和地区签订了关于气候变化的《巴黎协定》（The Paris Agreement），这是人类历史上最昂贵的条约，到 2030 年全球可能会因气候变化每年花费 1 万亿到 2 万亿美元。随着越来越多的国家承诺在未来几十年实现碳中和，费用可能会在未来上升到每年数十万亿美元。[19]

对气候变化的任何应对都会花钱（如果解决这个问题能赚钱，那都不用争了，我们肯定已经在干了）。如果一个成本相对较低的政策能解决问题的大部分，那钱就花得值当。然而结果却是，《巴黎协定》最多也只能实现政客承诺（把温度上升控制在 1.5 摄氏度）的百分之一，却耗费巨资。对全球来说，这完全不是一笔划算的交易。[20]

而且，《巴黎协定》或者别的什么耗资巨大的气候倡议，都不太可能持续。尽管很多人担心气候变化，但大多数人并不愿意花很多自己的钱解决问题。一项全球范围的调查显示，人们表示自己只愿意每年花 100 到 200 美元解决气候变化问题。2019 年《华盛顿邮报》的一项调查显示，尽管超过四分之三的美国人认为气候变化是危机或重大问题，但大多数人甚至不愿意每年花 24 美元来解决它。然而，惯常提出的政策会花掉年均每人数千乃至数万美元。[21]

当对抗气候变化变得过于昂贵，人们就会停止为其投票。选民已经开始反对推高了能源成本的环境政策：在法国是黄背心运动，在美国、巴西、澳大利亚和菲律宾，高举反气候变化政策大旗的政客纷纷当选。基于此原因，对气候变化更不浮夸的回应措施可能更有效，因为不会遭到选民背弃。气候政策必须在长期内保持稳定才能奏效，如果气候政策的成本过高，导致公民一直反对政府推行，那重大变革就难以产生。

气候变化运动的一个巨大反讽之处是，该运动最活跃的支持者同样也对全球收入不公平感到震惊。然而他们却看不到自己要求施行的政策所花的钱，令世界上最穷困的人承担了不相称的比例。这是因为，很大一部分气候变化政策说到底就是限制使用便宜的能源。

如果能源变贵，我们会在取暖上花更多的钱。穷人会把更大比例的收入用在能源上，因此价格上涨对他们的负担最大。在发达国家，据估计有 2000 万人已经陷入能源贫困，也就是说能源支出占其收入的十分之一或以上。因此他们要么不得不减少能源使用，要么就在其他事项上节省开支。但是能源贫困不只是已然脆弱之人的额外花费，还会扰乱他们的生活。比如，能源贫困意味着贫穷的老年人无法适当地为住所供暖，为了保暖不得不卧床更久。精英们只需要从丰厚的收入里抽出一点点用于能源，所以哪怕价格暴涨，对他们的影响也小得多。这就是为什么富人更容易为高能源税辩护。事实上，气候政策的经济收益（如为安装太阳能板或房屋隔热层的房主、为开特斯拉的人提供补贴）绝大部分都流向了富人。[22]

在发展中国家，更高的能源成本妨害了提升繁荣的举措。比如一块太阳能板可以为晚上的一盏灯和一部手机提供电量，但无法提供如下活动或物品所需的电能：可避免室内污染的清洁烹饪，或保持食物新鲜的冰箱，或使人脱贫的工农业所需的机器。发展中国家需要便宜而可靠的能源发展工业实现增长，但目前其中多数来自化石燃料。不出意外，近期一项研究显示，实施《巴黎协定》的后果反而是助长了贫困。[23]

我们对气候有着超乎寻常的关注，也意味着我们在其他问题上花费了更少的时间、金钱和注意力。气候变化常常几乎完全掩盖了其他全球性挑战的讨论。在发达国家，这种狂热的关注意味着我们在修补养老金计划、提升学校质量、实现更健全的医保上只能付诸更少、更短的讨论。对发展中国家来说，气候政策则有可能挤掉健康、教育、就业和营养等重要得多的议题。我们*知道*，这些议题如果处理得当，可以让发展中国家脱离贫困，拥有更好的未来。

所以，前路是什么？

首先，我们需要像评估其他每一项政策一样评估气候政策：用成本效益来评估。意思就是，我们必须权衡气候政策的成本和减少气候相关问题的收益。气候的问题一直被重点突出，但是削减二氧化碳政策的成本也是真实的，而且常常是最穷的国家承受最多。二氧化碳是社会使用可靠、便宜能源的副产品，这些能源能提供让社会变好的东西：食物、供热、制冷、交通等。使用更贵和（或）更不可靠的能源会造成阻碍经济发展的高成本。

在二氧化碳这个例子中，关于成本效益的最好的研究表明，我们应该减少但绝不是完全禁止二氧化碳排放。我们应该通过碳税来达成此目的，从每吨排放收取 20 美元（相当于每升汽油收税 4.8 美分）的低起点开始，在 21 世纪里慢慢提高。碳税最好是全球协调施行，但更可能由于众多国家各行其政而不那么有效。尽管如此，这仍然能够减少全球升温，阻止其上升到对人类害处最大的温度水平；虽然也会稍稍拖慢经济增长，此乃能源变贵的必然结果。

总体来说，这是一项好措施，我们稍后会检验这些“气候—经济”模型的内在运行方式。但重点在于，未来几个世纪里，稍贵的能源成本造成稍慢的全球经济增长，将会实现比没有碳税的情况下稍少的福利。简言之，额外的成本大概是全球 GDP 的 0.4%。

未来，较低的温度增长也会导致更小的气候变化。总体而言，收益大概是全球 GDP 的 0.8%。简单来说，用全球 GDP 0.4% 的成本换取全球 GDP 0.8% 的收益。

削减部分二氧化碳就合理多了。首先，一开始的排放量是容易减少的，因为有些时候，可以用低成本取得高效益。外面没人时可以关掉露台的供热，仅需举手之劳，也不怎么造成不便。而且，最初的削减量也能取得最大的收益，因为会减掉最高也最具杀伤力的升温。[24]

但同样重要的是，认识到这一解决方案的性价比。我们用全球 GDP 0.4% 的成本，换取了 0.8% 的收益。总体上来讲，收益是全球 GDP 的 0.4%。正确实施碳税能让世界更美好，但并没有好多少。

一种成本效益分析方式也能向我们展示什么不该做。我们不应该试图在短短几年内就消灭几乎所有的二氧化碳排放。而这却是多数活动家鼓吹的，也是多数政客表达的意愿。如果我们这么做，成本会失控地飙升。为了短时间里有效地阻止二氧化碳排放，我们要把碳税提高到等同于每升汽油收税数十乃至数百美元的程度。此举会造成每年全球 GDP 多损失 3.4%，但是额外的收益就低多了，大概是 1%。世界整体变糟了。即便整个世纪里所有国家都能熟练地协调，所有政策都成功实施，这仍然是一件坏事。[25]

更可能的情况是，这些恐慌性的气候解决方案实施得既糟糕又低效，导致总体成本高得惊人。我们本质上是在为一小撮额外收益付出极高的代价。我们会让世界陷在远远糟于本来情况的境地。

让我们回到限速这个类比上来。没有哪个正常人会觉得我们不需要限速，就像没有哪个正常人会认为面对气候变化我们应当袖手旁观。与此同时，也没有人认为我们要把速度限制在每小时五公里，即便能拯救成千上万条生命，因为其财政和人力成本远超我们的承受范围。所以，我们会寻找折中措施，把速度限制在每小时九十到一百四十公里。更看重安全的人认为限速较低一点好，更担心交通速度对经济影响的人会认为限速高一点好。这是合理的讨论范围。

气候活动家要求全球范围内立刻大幅度削减二氧化碳的排放量，本质上是在支持每小时五公里的限速。这是一个荒谬的要求，至少对每个需要早上通勤的人来说如此。

其次，我们需要更明智的气候变化解决方案。顶级气候经济学家都认同，阻止气候变化负面影响的最佳方式是投资绿色创新。我们应该创新未来的科技，而不是建造当下这些效率不高的涡轮机和太阳能板。我们应该探索核聚变、核裂变、水裂解等。我们可以研究海洋表面能产油的海藻。因为海藻将阳光和二氧化碳变成油，这种油燃烧不会产生新的二氧化碳。此种生物燃料目前效益还不高，但研究这一类解决方案不仅更便宜，还能为我们提供找到真正突破性技术的最佳机会。[26]

如果我们的创新让绿色能源的价格低于化石燃料，那大家都会改换门庭——不只是发达国家，发展中国家也会。模型显示，绿色能源研发每投入 1 美元，就能避免 11 美元的气候损失。这比当前的气候政策有效成百上千倍。[27]

找到能够促进 21 世纪发展的突破口，可能需要 10 年或 40 年。但我们知道，用更多空头支票和无效投资肯定没法解决问题，我们必须促进创新。

不幸的是，我们并没有这么做。大家原则上都同意在研发上投入更多资金，但是发达国家*真正*投入研发的部分自 20 世纪 80 年代以来已经减少了一半。为什么？因为铺设低效的太阳能板是适合用来亮相拍照的形象工程，给人感觉我们做了实事——而资助书呆子大家都看不见。[28]

这是危言耸听源源不绝的又一大原因。现在我们太专注于做“正确”的事，即便它微不足道。我们忽视了或许真能让人类脱离化石燃料的科技突破。

第三，我们需要适应改变。好消息是我们历来如此，彼时我们穷得多，科技也落后得多，我们在未来也绝对能做到。拿农业来说，随着温度上升，有些小麦品种可能产量更低，但是农民会种植其他品种，改变农作物，而越来越多的小麦可以挪到更北方种植。这并非不花钱，但会显著减少气候变化的成本。

人类已经证明自己无比善于适应。我们可以看看孟加拉国，通过建立精巧的灾害防备系统、更好的建筑规范，自 20 世纪 70 年代以来，该国大幅度减少了气旋风暴造成的死亡；或者看看纽约，从飓风桑迪的袭击中吸取教训，引入了一系列简单的措施，如为地铁系统增加风暴遮罩。

第四，我们应该研究地质工程，即通过模拟自然进程降低地球的温度。1991 年菲律宾的皮纳图博火山爆发之时，大约 1500

万吨二氧化硫释放到平流层，形成了一层覆盖全球的薄雾。通过反射阳光，薄雾降低了平均约 0.5 摄氏度的地球表面温度，此现象持续了 18 个月。

科学家称我们可以复制类似的火山爆发效果，用非常低的成本给全球降温。它只需要几天或几周便可以快速降低全球的温度。举个例子，如果南极西部开始急速融化，可用这种地质工程提供备用的解决方案。常规的化石燃料削减政策要数十年的时间贯彻，要半个世纪的时间才能对气候产生显著的影响，只有地质工程能快速降低地球温度。

我们现在还不应该*进行*地质工程，因为可能存在尚未探明的不利之处。但我们应该研究它，找到在某些情况下能提供的可行方案。

最后，我们需要提醒自己，气候变化并不是唯一的全球性挑战。对大多数人来说，它不是最重要的议题——事实上，它是*最不*重要的议题。联合国一项接近一千万人受访的全球民意调查发现，气候政策优先度最低，远远低于教育、健康和营养（见图 I.1）。发达国家的人拥有好得多的教育、健康和营养，则更害怕气候变化，但即便是对欧洲人来说，气候变化也只是第十大担忧。对于全球最穷的人来说，气候变化在所有问题中稳稳垫底。[29]

我们把大部分注意力集中在气候变化上，导致忽视其他更大的议题。如果能解决那些议题，对数十亿人民来说世界将更美好。扩大免疫接种、抑制肺结核、提高现代避孕方法使用率、保证更好的营养和更多的教育、减少能源贫困——这些都是我们力所能及的，如果我们专注于此，可以减轻全球大量人口当下正在承受的苦难。

此外，如果我们更多地投入在发展上，也会提高每个人应对气候变化的韧性。社区更有韧性、更富裕意味着更多人得以投入适应和准备状态，面对气候冲击时也不会那么脆弱。结果表明，帮助极端贫困者提升境遇也对他们处理气候问题助益良多。

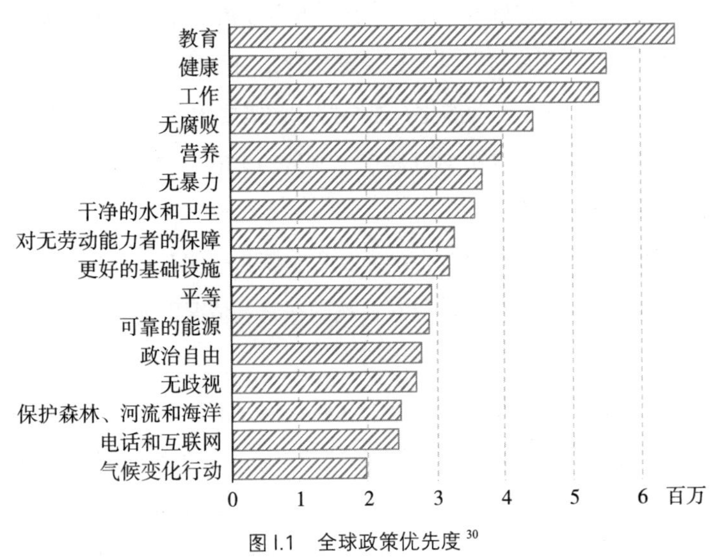

图 I.1 全球政策优先度[30]

就联合国可持续发展目标中的 16 个政策选项，全球 970 万人为其排名。

我们需要意识到，在推行外国援助时，坚持要求发展中国家与部分发达国家的气候问题优先度保持一致，是在施行某种形式的霸权。我们并没有倾听这些国家公民的需求，我们为了自己关心的事物而威胁到了他们脱贫的机会。这不只是坏政策，更是赤裸裸的不道德。

我们需要集体深吸一口气，明白气候变化的是与非。它不像一颗巨大的小行星撞向地球——我们得立刻停止一切，动员全球经济阻止世界末日的到来。相反，它是一个长期而缓慢的情况，正如糖尿病之于病人，它是一种需要注意和重视的问题，但我们可以与之共存。在我们处理它的时候，依然可以过自己的生活，处理其他诸多在未来终将更重要的挑战。[31]

在本书中，我将先审视由气候变化造成的恐慌文化。接下来，我们会了解，科学真正告诉我们的预期是什么，温度上升的成本是什么。在这之后，我将探索当下的应对方式有何错误。为什么气候变化在我们的脑海里占据重要位置，但我们却无法解决它？改变生活方式，我们实现了什么？在关于气候变化的《巴黎协定》的许诺之下，作为集体，我们实现了什么？最后，我们将探索如何真正解决气候变化；为了遏制温度上升，把地球尽可能完好地保留给子孙后代，我们应该优先采取什么政策？

我们有能力让世界更美好。但是首先，我们要冷静下来。

第一章

为什么我们对气候变化的误解如此之深

人们对气候变化感到恐慌，很大程度上是因为媒体和环保活动家的灌输，因为政客夸大其可能的影响，因为科学研究常常在没有关键背景信息的情况下传播。经常被丢掉的背景信息是一个最明显的事实：人类会适应变化中的地球。任何没有将此考虑进去的气候变化影响预测，都是不切实际的。

通过描绘气候变化最骇人的可能场景，各方都有利可图。媒体用吓人的新闻得到了更多的点击和观看。活动家得到了注意力和资金。自认为在解决末世威胁的研究者得到了不相称的关注度、来自所任职大学的更多认可和未来更多的受资助机会。强调吓人场景的政客许诺要拯救我们，他们言称获得权力是为了分配重要资源解决该问题。

这些都不是说我们不应该担心潜在的大问题。我们*想*让研究者寻找大问题，让媒体强调可能危害我们的事物，让政客拯救我们，但我们也应该相应地保持怀疑，因为这些群体能从贩卖末日焦虑的行为中渔利。

我们应该对媒体的气候变化报道持最怀疑的态度。几乎每天，我们都能看到媒体报道气温上升和气候变化会造成的极端损失。当然，媒体会因报道气候变化最耸人听闻的可能性而获益——报纸因此大卖，点击率因此大增。没人会点击标题是“未来生活将非常值得期待但在特定领域更有挑战性”的链接。相反，我们会看到诸如近期《纽约邮报》(*New York Post*) 的一篇头条：“报告称气候变化或于 2050 年终结人类文明。”写这篇文章的记者，或想出这个令人震惊的标题的编辑一*开始*就故意且苦心孤诣地想误导读者。该记者和编辑绝对想俘获更多读者，显然他们并没有仔细阅读或分析所报道的研究，更不会用气候变化领域已达成的科学共识对该报道加以审核。[1]

该文基于 2019 年的一项研究，此项研究只是一篇薄薄的七页纸的论文，由某不知名智库发表，与联合国气候小组认可的科学偏离甚远。该报告设想了最极端、最不可能的场景，比绝大部分科学家预测的气候影响都要严重得多。该报告作者称，在如此极端的人为设定下，自己连建立模型甚至量化估算都做不到，但人类文明确实“很可能走向终结”。即便如此，该报告也没有把文明终结设定在 2050 年，而是说在不确定的未来。正如一名气候科学家所形容：“这篇文章是个典型，故意夸大一篇未经同行审议的报告的结论和影响，而该报告本身就已经夸大了（也确实歪曲了）同行审议过的科学。”[2]

换句话说，“报告”和新闻报道都是虚构的气候故事而非气候新闻。但是这篇骇人的报道还是以各种形式登上了《今日美国》、CBS 新闻和 CNN（美国有线电视新闻网）等主流媒体。[3]

媒体与气候变化之间的问题是什么？

当然也存在一些严谨而负责任的报道，但不严谨不负责任的太多了。过去几十年里，许多媒体为了看起来平衡，在否认气候变化的观点早已被彻底击溃的情况下，依然给否认气候变化的人发声空间。近期气候变化否认者不再得到发声的机会，这是好事，但是现在有些耸人听闻的报道是为了弥补过去犯下的罪责。记者们在天平的另一端犯下了同样的错误：他们无法让气候变化夸大者为自己的夸张断言负责。

拿 2019 年 6 月 13 日《时代》周刊的封面报道来说，照片上，联合国秘书长安东尼奥·古特雷斯（António Guterres）身穿正装系着领带，站在太平洋小岛国图瓦卢的海岸，水淹到了他的大腿处。配套的文章则发出警告“上升的海平面恐将图瓦卢淹没”，并黯然指出，因为该国的海拔几乎都处于海平面之下，“任何上升都有将图瓦卢及其一万居民从地图上抹去的危险”。[4]

唉，联合国秘书长毫无缘由地浪费了一件完美的正装：科学并不是那么说的。没错，全球变暖确实导致海平面上升，包括图瓦卢超过 124 个礁岛周围的海域。但是记者只需要花几分钟时间就能找到《自然》（*Nature*）上发表的关于图瓦卢的最新科学研究。该研究证实，不仅海平面在上升，图瓦卢的陆地也在上升，其上升速度是全球平均的*两倍*。甚至于，在过去 40 年海平面强劲上涨的情况下，图瓦卢的陆地总面积实际上还*增长了* 2.9%。这是土地堆积的结果。是的，海平面上升侵蚀并减少了陆地面积，但与此同时旧珊瑚被海浪打碎，冲刷到海岸低处，成为沙子，抵消了海平面上升侵蚀的陆地面积。2018 年的一项研究显示，堆积的作用力超过了侵蚀，为图瓦卢带来了土地面积净增长。而且，这一过程仍在进行中。用《自然》上该研究的话来说，其活跃的特征可能意味着图瓦卢群岛“将在接下来的这个世纪里始终是人类居住点”。[5]

《时代》周刊的封面报道也发出警告，称另外两个岛国基里巴提和马绍尔群岛也将从地图上消失。然而，我们只需花几分钟了解一下关于两国的研究就能戳破整个报道。自 1943 年以来，基里巴提四大环礁的自然堆积面积都超过了侵蚀面积。在最大的塔拉瓦环礁，该国一半人口居住于此，过去 30 年里土地总面积增加了 3.5%（包括在南塔拉瓦地区因为大型土地开垦计划而增加的 1.5%）。马绍尔群岛也类似，因为自然堆积，土地总面积增加了 4%。[6]

实际上，一项总结了关于密克罗尼西亚、马绍尔群岛、基里巴提、法属波利尼西亚、马尔代夫和图瓦卢等国研究的分析发现，在所有环礁和较大型岛屿上，土地堆积都抵消了海平面上升的侵蚀。尽管海平面近几十年都在上升，但所有被研究的环礁面积都增长了，所有被研究的较大型岛屿要么保持稳定，要么面积增加。[7]

一篇调查更细致的新闻报道本可包括堆积作用和土地增加的信息，本可把重点放在人们需要从侵蚀地区搬到堆积地区所面临的挑战上，但是《时代》周刊的报道，并没有聚焦图瓦卢这样的国家因为气候变化面临的真正问题，而是包装成了“我们的星球正在沉没”。这样的报道更易理解、更吓人也更好卖，但也极具误导性。

一篇引发恐慌的类似报道在 2019 年席卷全球，这次是《纽约时报》和众多其他媒体：大片居住地将于 2050 年被淹没，城市会被“抹去”。这些报道都来自一项高质量的研究，一篇 2019 年发表在《自然》上的论文。该研究显示，过去对海平面上升的预测错了，因为地平面的测量有时候是意外地从树梢或房顶开始，而不是地面。说明海平面上升的威胁被低估了。[8]

这很重要。但是媒体聚焦在2050年的反乌托邦想象上。在图1.1的左侧，你可以看到《纽约时报》描绘的一幅令人恐惧的地图。该地图显示，越南南部地区预计会处于上涨的潮水之下，危机已显而易见。看起来诚然吓人，报纸也斩钉截铁地宣布越南南部将因处于“涨潮的水下”而“全部消失”。该报告诉读者，“超过2000万越南人，几乎是该国人口的四分之一，将居住在被水淹没的土地上”。类似的影响也会出现在世界各地。

这条新闻火了。“气候变化正在让地球沉没，用最吓人的方式”，国际气候游说组织350.org的创始人比尔·麦吉本（Bill McKibben）在推特上写道。气候科学家彼得·卡尔马斯（Peter Kalmus）说，他曾一度担心自己被贴上“危言耸听者”的标签，但是这类型的新闻让他拥抱了这个术语。[9]

《纽约时报》文中2050年处于水面之下的越南南部

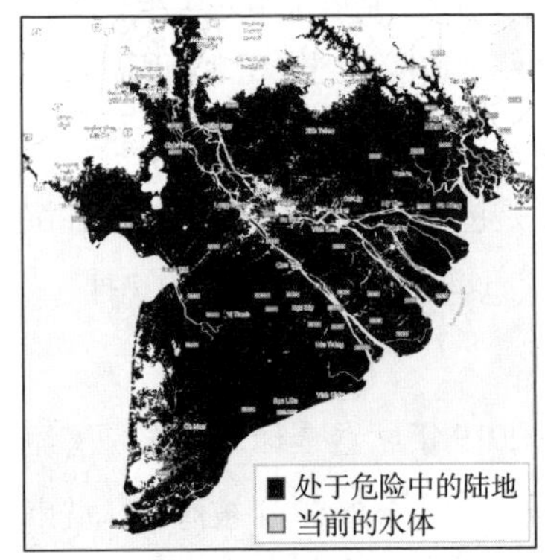

到2050年越南南部实际处于危险中的陆地

图1.1 《纽约时报》对越南南部地区2050年问题的错误预估[10]

左图是《纽约时报》为读者高亮标注的地区。该报称此图显示了到2050年越南“将处于涨潮的水下”的地区。此断言忽视了现已存在的保护措施。事实上，越南南部大部分地区已经处于涨潮的水平面之下，而且几乎所有人都得到了保护。右图是到2050年实际处于涨潮的水平面之下的陆地。（左图已得到授权重制）

媒体忘记了什么？忘记揭示如今的对比状况。它几乎与2050年的预测状况一致。在图1.1的右侧，你可以看到2050年*新增*处于风险中的土地有多少——几乎没有。两张图都简单地展示了大家都知道的事实：湄公河三角洲人民就住在水上。在越南南部的安江省，几乎所有非山区的陆地都受到堤坝保护，它就像荷兰一样，处于“水下”：包括世界第14大机场斯希普霍尔机场在内的大片陆地都真真切切地建在涨潮线之下。在伦敦，将近100万人居住在这条线之下。但是荷兰、伦敦或湄公河三角洲没有人需要戴水肺装置出行，因为人类已经习惯了大坝和其他洪水防护措施的保护。[11]

《纽约时报》援引的那份真实研究基于前言中提及的方式，“不考虑其沿海防御措施的前提下”。从学术论文的角度说没有问题，但是媒体把其结论拿来制造“2000万人生活在水面下”的断言，或者被活动家用作口实，称其给了我们成为“危言耸听者”的理由，就荒唐可笑了。该研究显示，*如今*有1.1亿人经常居住在“水下”。实际上，几乎所有人都得到了很好的保护。此处真正的故事是，才智和适应获得了胜利。[12]

该研究显示，2050年将新增4000万人居住在涨潮线之下，总计是1.5亿。我们将在本章后面看到，几乎所有新增的脆弱人群都用相对较低的成本得到了保护。[13]

媒体的本意不是想欺骗读者，但是报道的新闻毫无必要且难辞其咎地传播了危言。真正的新闻是，增长4000万居住在涨潮线之下的人民，只是一个稍稍恶化的、我们完全有能力解决的挑战而已，到时候世界也比今天富裕得多，有韧性得多。背景至关重要。

媒体耸人听闻的报道方式，在报道联合国气候科学家于 2018 年发布的一项大型报告时表现得淋漓尽致。大多数媒体报道的是，这些科学家敦促全球到 2030 年大规模削减二氧化碳排放，同时需要大量变革，保证温度上升不超过 1.5 摄氏度。比如 CNN 告诉我们，“地球还有 12 年时间阻止气候变化灾难”。这类报道在全球报纸中出现多个版本，也被政客和活动家拿来复述。[14]

实际上，事情的真相是，巴黎的气候变化大会召开的三年前，全球领导人就宣布想把温度上升维持在 1.5 摄氏度之下。他们甚至把该目标放进了《巴黎协定》的序言里。这么做是受到了想展现意志力与雄心的活动家们的敦促，而不是因为全球科学家达成共识宣布这一武断的削减点至关重要。

世界各国领导人是在 2015 年宣布全球将把温度上升限制在不超过 1.5 摄氏度之后，*才*要求联合国气候科学家找到实现此宏伟目标需要的行动。科学家们的回应就是这篇 2018 年的报告。

科学家们承诺在联合国的指导方针下，给出“政策相关但又不止于政策相关的信息”。他们友善地表示 1.5 摄氏度的目标*严格来说*是可行的，但“要求社会各领域作出迅速、广泛和史无前例的改变”。简单来说，政客们要求他们完成几乎不可能的任务，而科学家们则回应以近乎不可能实现的政策。[15]

但是，报告却在媒体报道中成为我们急需极端地削减碳排放的证据。这就有点像在问美国国家航空航天局（NASA）把全人类都运到火星上要怎么做。NASA 当然会友善地告诉我们，*严格来说是可行的*，但需要我们大规模改变当前的优先事项，空前地投资太空科技。活动家也通常错误地表示：“看吧，NASA 告诉我们都应该去火星。”

这种夸张的误读造成了严重的后果。因为报道声称我们只剩下12年的时间，于是，孩子们走出校园示威，城市和国家宣布进入“气候紧急状态”，很多人甚至建议为了对抗这场生存危机要考虑暂停民主。[16]

有些人认为报告的意思是我们必须在2030年之前遏制住温度上升，否则就会最终走向大灾变之路；还有人认为如果到2030年不解决这一问题，气候末日迫在眉睫。不管怎样，活动家和政客认为，因为12年的“截止日期”，我们甚至不用再讨论气候政策的成本了：都要世界末日了，其他肯定都不重要了。

新闻媒体在传播末日叙事中的作用并不能完全解释为何气候变化两边的观点如此极端。另一个重要因素是气候变化越来越成为吸引选民的方式：“我会从世界末日中拯救你们，而*我的对手*不会。”

气候变化的政治越来越党派化。在美国，进入20世纪90年代早期，包括气候变化在内的环境议题，舆论一直相当统一。哪怕是不远的2008年，前共和党议长纽特·金里奇（Newt Gingrich）和前众议长南希·佩洛西（Nancy Pelosi）为阿尔·戈尔（Al Gore）的非营利组织拍摄了一个广告，他们舒适地坐在沙发上，都赞同气候行动不应该党派化。[17]

感觉良好的时代结束了。如今，在美国、英国、澳大利亚以及全球很多地区的党派化政治环境中，全球变暖常常被公开用作谋求更大目标的工具。这一事实很好地解释了为何当下关于气候变化的对话中弥漫着危言耸听。直到2018年美国国会中期选举，气候变化还是一个次要的竞选议题，在普选辩论中没有一个问题是关于它的。但事态变化很快。到 2019 年,CNN 完全围绕着“气候危机”主持了整个民主党总统候选人的市政厅辩论。[18]

双方都在加强态度上的两党分野。如今，自认为民主党和共和党的人，在气候变化优先度的安排上比其他任何议题都要分裂。你想想，在枪支管控、经济、最低工资、工人权利、全民医保、外交政策、移民以及堕胎问题上，美国人的观点都比在气候变化问题上更统一。[19]

民主党把持的纽约州、加利福尼亚州、华盛顿州、新泽西州、新墨西哥州、内华达州和缅因州，都通过了要求在 2050 年或更早之前达到“碳中和”（碳排放减到零，或者通过其他地方的减少来抵消）的法案。共和党把持的州没有通过任何类似的立法。2019 年，在民主党控制的俄勒冈州，占少数的共和党参议员阻挡了碳中和法案的通过，他们直接离开该州，导致参议院达不到法定人数。就在民主党员忙着通过未来将异常昂贵的承诺之时，共和党支持的唐纳德·特朗普总统则反其道而行之：他什么也不做。[20]

美国的党派分歧在全球也有映射：其他国家的领导人把关心变暖当成勋章，突出自己与特朗普政府及其对气候不作为的不同。

对特朗普的反对影响了全球各地关于气候政策的报道。比如特朗普当选之后，一些备受瞩目的媒体开始发表新闻，称中国正在成为气候变化的“领导者”。气候变化的领导者？中国 2000 年以后碳排放量增加了 2 倍，成为全球最大的碳排放国家。根据官方估计，即使中国履行了所有绿色承诺，可再生能源到 2040 年也只能达到 18%，76%的能源使用仍然是化石燃料。把中国捧为绿色领导者是一种醉翁之意不在酒的虚假叙事，更关乎诉说这种故事的人（及其常常对特朗普的反对），而不是中国。[21]

为了获得更多关注而设定人为的截止时间，是气候变化活动家最常用的策略之一：如果我们不在某个日期之前行动，地球就会毁灭。2019 年，英国王储查尔斯（译者注：现已是英国国王查尔斯三世）宣布我们只剩下 18 个月的时间解决气候变化，否则就来不及了。但这已不是他第一次设定截止时间。十年前，他曾说，他"推算还有 96 个月来拯救地球"。2006 年，阿尔·戈尔估计，"除非十年内采取严格措施削减温室气体排放，否则世界将踏上不归路"。[22]

但我们还可以追溯到更早的时期。1989 年，联合国环境署项目负责人宣称我们只有三年的时间"赢得或输掉环境斗争"。联合国如是总结这一威胁："我们都知道世界面临着可能比人类历史上其他威胁都更灾难性的威胁：气候变化和全球变暖。"真的吗？比全面核战争更灾难？比 20 世纪死了一亿人的两次世界大战更灾难？比过去两百年杀死了 10 亿人的结核病更灾难？[23]

在那之前的 1982 年，联合国预测，到 2000 年，因为气候变化及臭氧层消耗、酸雨、沙漠化等其他挑战，地球将遭遇一场"跟任何核灾难一样彻底且不可逆的破坏"。20 世纪更早一点，已经有气候变化的忧虑，不过是基于完全不同的理由。20 世纪 70 年代，全球变暖的研究统治了科学界，一群引人注目的研究者助长了对即将到来的"灾难性"冰川期的恐惧。1975 年《科学新闻》（*Science News*）的一张封面展现了冰川笼罩纽约市天际线的景象。1974 年，《时代》周刊发表了一篇题为"又一次冰川期？"的报道，称"变冷的迹象随处可见"，其"后果就算不是灾难性的，也是极其严重的"。该文还说，即使没有冰川期，气温小幅度降低也会导致庄稼歉收，令人类生活不可持续。[24]

我们既担心变冷又担心变暖。并不是说两者都不要担心，关键在于，媒体喜欢预测即将发生的末日，还喜欢加上固定的日期，而人类心理中的某种东西又让我们想相信这些。

关于这种末世的倾向，最昭彰的例子发生在 1968 年，一群学者、公职人员和实业家齐聚罗马，探讨现代社会看似无法解决的问题。这是一个悲观的时代：20 世纪五六十年代的科技乐观主义退却，对诸多问题的担忧开始兴起，从地缘政治（越南战争）到社会（“青年反叛”）到经济（失业与滞胀）。《新闻周刊》（*Newsweek*）的一张封面概括了这种时代情绪：困惑的山姆大叔盯着一个空空如也的丰饶角，配图文字是“什么都快没了”。同年，这个罗马俱乐部组建，一部顶级畅销书《人口炸弹》（*The Population Bomb*）警告称人类正在像兔子一样繁殖，贪婪地吞噬一切能找到的资源，实质上正在将我们的种族“推向毁灭”。[25]

在此背景下，罗马俱乐部决心“让人类的困境更明显、更容易理解”，其中一名成员后来回忆道。此智库的成员认定，全人类都会灭亡，因为太多的人消耗了太多资源，我们正在用人口过剩、消费和污染杀死自己和这颗星球。唯一的希望就是停止经济增长，减少消费，循环利用，迫使人们少生孩子，把社会“稳定”在明显更贫困的水平。[26]

罗马俱乐部发表了一篇题为《限制增长》（*The Limits to Growth*）的报告，影响力非常之大，连《时代》《花花公子》等杂志都在讨论。媒体人士对其仔细分析，活动家借此呼吁激进变革。该报告对媒体来说尤具吸引力——还具有明显的附加知识含量——因为它是基于计算机模拟的，此举在当时颇具革命性。科学家运用计算机模拟，信心十足地预测到1979年黄金将被用尽，另外一系列人类依赖的大量重要资源——铝、铜、铅、汞、钼、天然气、石油、银、锡、钨和锌都会在2004年之前用光。[27]

“未来”的我们已被剧透：它们都错得离谱。就只拿四种最重要的资源来说吧，1946年开始，技术已经让铜、铝、铁和锌的制造多于消耗，商品价格总体下降。根据这些思想家和计算机预测，石油本该在1990年耗尽，天然气是1992年，但实际上二者如今的储量都比1970年要大，尽管我们的消耗量也远多于之前。在过去的六年时间里，单是页岩气已经是美国潜在天然气资源储量的两倍，而价格减半。没有什么资源是无限的，但资源的生成速度依然远远超过消费量。[28]

罗马俱乐部错得离谱是因为忽视了最伟大的资源：人类的适应能力。我们不是把铁或气用光就放弃了，我们可以用更低的价格找到更多资源，让人类用上更丰富、更便宜的资源。

罗马俱乐部的故事至关重要，因为很多人如今在研究和报道气候变化时仍在重蹈覆辙：不考虑我们出色的*适应力*。关于此话题的危言耸听可以用这样一个简单事实来解释：新闻报道认为气候会变化，*而其他都不会变化*。

比如，《华盛顿邮报》近期报道称“海平面上升可能比我们一直认为的要更糟糕”，会淹没西欧大小的陆地面积，1.87亿人流离失所。毫不意外，如此震撼的消息引发了很多媒体报道，彭博社新闻警告称全球的沿海城市将被淹没，“被升起的海洋吞噬”。显然，1.87亿是一个吸引眼球的大数字。别相信，这个数字夸张得离谱——而且甚至都不新鲜了。[29]

这些新闻来自2019年的一篇学术论文，作者只是把一篇2011年发表的论文重复了一遍而已。实际上，2011年那篇论文的发现是，在接下来八十年里，如果人类什么也不做（这不太可能）去应对海平面的剧烈上升，1.87亿人可能被迫搬迁。据该论文解释，在现实中人类“积极地适应”，“这种适应能够大大减少可能的影响”。作者表示，如果把适应措施考虑进来，“环境难民的问题几乎就消失了”。而且，“海平面大规模上升的主要后果是对防护基础设施的更大投入”，“理所当然地认为海平面剧烈上升会导致全球性人口播迁是不正确的”。在务实的假设下，最极端的海平面上涨导致的人口播迁数量，会从1.87亿降到30.5万。哪怕是最糟糕的洪水导致的人口播迁数量，也不到新闻头条所说的六百分之一。[30]

记者等群体不停地犯同样的错误，导致大众对气候变化的理解产生了严重偏差。大卫·华莱士-威尔斯在其颇具影响力的《不宜居的地球》一书中，称由海平面上升引起的沿海水灾，到2100年将造成每年14万亿到100多万亿美元不等的损失。数不清的气候活动家重复此观点，但结果却是这些数字把问题夸大了近两千倍。[31]

这些数字是从哪里来的？华莱士-威尔斯用了两篇关键论文做支撑。这些论文基本是在预测，21世纪气候变化将会导致海平面上升，并计算在没有洪水防护措施的情况下，遭遇水灾的地区总共有多少人口和财产。你发现这句话的问题所在了吗？是的，“没有洪水防护措施”。吸引眼球的损失数据是在*没有额外洪水防护*的情况下用模型预测的。

“吸引眼球”这个词并不是夸张。之后我们还会回到100多万亿美元损失这个异乎寻常的断言上，但首先，我们仔细审阅一下 2018 年这份提出 14 万亿美元损失的研究论文。通过官方新闻稿，全球的记者也助长了论文的传播。该数字被《新闻周刊》、Axios 新闻网①、《科学日报》《新科学家》和《今日印度》等媒体报道。这些新闻报道都没提到的，且论文本身也勉强承认的是，即便在适应措施上投入少得可怜的钱，也会减少 88% 的损失。而如果我们在适应措施上投入真实的、符合实际预期的资金，减少的损失会多得多。[32]

要想让气候变化造成 14 万亿美元的损失，我们必须要假设没有一个国家会加高自己的堤坝。这些国家始终得把堤坝维持在很低的高度，即便 21 世纪海平面一直上升，即便他们已经变得非常富有（事实上确实会变富），能够出钱投入多得多的防护措施。

原论文的作者承认这种假设不符合逻辑，尽管只是在附录中提及："当前的分析是基于不会有额外适应措施的现存水平计算出的潜在水灾损失，但显然*所有沿海国家已经或将持续采取不同程度的适应措施应对海平面上升*。"他们甚至指出，"随着经济增长，防护措施大概率会被加强"，让水灾会造成巨大损失的理由没那么站得住脚。当然这个解释并没有出现在官方新闻稿中。[33]

有些国家适应气候变化比其他国家更成功。如今，美国沿海城市比欧洲沿海城市预期的受损成本要高得多，因为防护标准更

① 美国的新闻网站，Axios 来自希腊语，意为"值得"。该站新闻以短小精悍出名，多数文章不超过 300 个英文单词。——译者注

低。类似地，发展中国家中快速发展的区域可能在适应措施上赤字越来越大，因为在沿海地区，发展常常比投资适应措施的优先度更高。[34]

但是完全有理由相信，随着海平面上升，全球的适应措施将会增加。研究显示，随着各个国家看到越来越多的威胁，他们会增加保护性堤坝的高度和数量。也有证据清晰地表明，适应措施会随着收入增长而增加。这很好理解：在同样的威胁水平下，发达国家比发展中国家能负担更高的堤坝和更多的保护措施。[35]

我们再来看看华莱士－威尔斯最坏的预测（惊人的100万亿美元乃至更多）所依据的第二份研究。这份高引用率的研究调查了在人类采取适应措施和没有采取措施的情况下，海平面上升造成的影响。正如你在图1.2中所见，2000年左右，每年约340万人遭遇水灾，洪水总损失是每年130亿美元。该研究基于多个变量（海平面上升、人口增长和经济增长）得出了结果。不同变量下，结论都是类似的。此处我们看看海平面升到最高（到21世纪末将近0.9米）的情况下，如果一个发达国家没有采取适应措施，会发生什么。[36]

如果我们没有适应措施，灾难将会到来。每年将有1.87亿人遭遇水灾，洪水损失将达到惊人的每年55万亿美元（以经过通货膨胀调整后的美元计算）。由于我们没有采取额外的适应措施，堤坝损失只稍微上升至240亿美元。如果我们不应对，到2100年总的洪水损失将达到全球GDP的5.3%。在这份研究中最极端的情境下（图1.2中并未展示），到2100年，3.5亿人每年被洪水侵袭，损失超过100万亿美元，占全球GDP的11%。华莱士－威尔斯那高得吓人的数据就是这么来的：没有适应措施，最糟糕情形下的最糟糕结果。

但是，我们当然会采取适应措施。正如本论文的作者所言："这种规模的损失不大可能为社会所容忍，适应措施将广泛采取。"在有适应措施的合理预测下，遭遇水灾的人数会剧减，到21世纪末大概减到每年1.5万人。是的，堤坝成本会增长到480亿美元，洪水损失上升到380亿美元，但总的经济损失实际上会*下降*，从占GDP的0.05%到0.008%。洪水受害者减少99.6%，人类无疑大获全胜。[37]

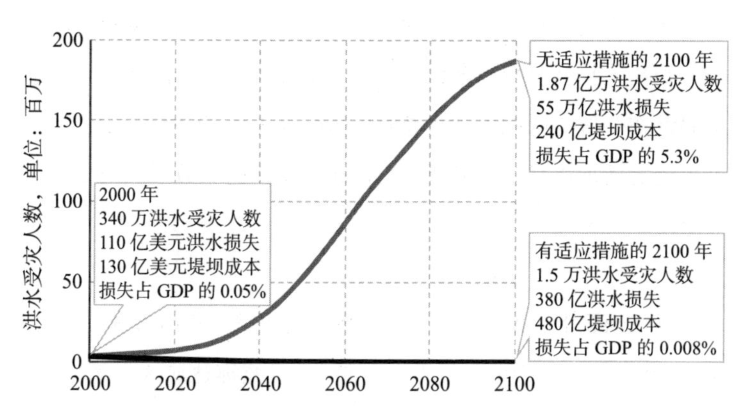

图1.2　有无适应措施的情况下，因海平面上升导致的21世纪洪水受灾人数[38]
损失包括洪水损失和堤坝成本。

这篇研究不只被写进了华莱士－威尔斯那本很有影响力的书中，也被很多媒体引用，而且丝毫未提及适应措施。不断被重复和提及的话术就是1.87亿人会遭遇洪水，造成几十万亿甚至上百万亿的损失。

人类适应自然已有数千年，在坐拥更多财富和科技的未来，我们会适应得更好。削减二氧化碳排放并不是人类回应气候变化的唯一方法——适应也至关重要。多少个世纪以来，非常穷的社会也适应过海平面上升。而如今，我们拥有历史上最多的技能和技术：我们可以修建堤防、防潮壁、水坝；扩建沙滩，兴建沙丘；制造以生态系统为基础的屏障，如红树林缓冲带；完善建筑法规和建设技术；运用土地规划，绘制危险地区示意图。因而尽管海平面在上升，风暴潮造成的死亡人数反而下降了。[39]

如果忽略了人类不停适应环境这一事实，就会不可避免地出现吸引眼球的吓人报道，其描述极具欺骗性。现实情况是，二氧化碳排放量对洪水受灾人数的影响相对较小，就算是最大规模的二氧化碳排放量和最高程度的海平面上升，只要人类发挥适应能力，受灾人数就会少得多，尤其是在世界日渐富裕的情况下（全世界都在变富，因此也越来越有抗风险能力）。即使海平面上升，最可能的情形也是，未来死于气候相关洪水的人数反而更少，而非更多。

热浪问题上，我们看到了同样草率的逻辑。我们看看《纽约》杂志 2019 年 6 月份的一则新闻标题："研究称达成《巴黎协定》的气候目标将从热浪中拯救成千上万美国人。"该报道援引了一份 2019 年的研究，称到 21 世纪末，未来极端到每 30 年才发生一次的热浪将夺走美国 15 个城市的大量人命。[40]

但是有一件咄咄怪事：该研究假设这些城市里没人会做正常的事情，比如买空调。整整 80 年时间哦。作者因此预测，在 21 世纪剩下的时间里，西雅图这种只有 34% 居民拥有空调的城市，死亡率将显著提高。作者无法想象其余 66% 的人或其中一部分人可能在某个时间点买空调。现实是，到 21 世纪末，西雅图这样的城市中大部分人都会买空调，建造更抗热的房子。（事实上，随着科技发展，空调同样会越来越好。）城市也可能在社会创新上投资，比如修建热浪时期供穷人使用的“纳凉中心”——亚特兰大等地已经有了。[41]

20 世纪 60 年代到 90 年代，得益于空调标准和使用率的提高，纽约与热相关的死亡人数下降了三分之二。2003 年法国推行改革，其中包括养老院强制安装空调。结果到 2018 年，法国与炎热相关的住院人数比天气更凉爽的年份还少。1980 至 2015 年间，西班牙与炎热相关的死亡人数减少，即使在这期间夏季平均温度上升了 1 摄氏度。[42]

所以，如果我们把“人们实际上会像往常一样采取适应措施”这个事实考虑进去，会发生什么呢？嗯，结果是，即便到 21 世纪末气温比现在高很多，美国由极端炎热造成的死亡总数实际上反而会*下降* 1.7 万人。为了准确，头条应该改成：“因为有空调，会少死成千上万美国人：《巴黎协定》与本报道无关。”一旦考虑人类的适应力，气候变化的数字看起来就没那么吓人了。而任何气候变化研究*都*应该考虑*适应*，因为人类*总是*在适应。[43]

为什么人类害怕气候变化？原因之一是，当人们看新闻或读报纸的时候，发现媒体对天气的描绘越来越吓人。气候变化肯定在消耗我们更多的金钱和人命，对吧？从佛罗里达州到波多黎各到萨摩亚的海岸，正在席卷的飓风怎么解释？波及全球的大洪水和骇人的旱灾怎么解释？这些灾难似乎一年比一年糟——对吧？

不对。实际上，过去一个世纪，这些天气事件的数量和严重程度一直保持平稳甚至下降了（我们将会在第三章讨论）。然而，这些事件的损失越来越大，原因跟气候本身关系不大。

1900 年，飓风或洪水侵袭人口稀疏的佛罗里达只会造成较小的损失。自那之后，佛罗里达沿海人口增长了 67 倍。因此，类似大小的飓风或洪水袭击 2020 年人口稠密、富裕的佛罗里达会导致远甚于前的损失。更高的损失不是因为飓风变了，而是因为社会变了。[44]

这是被称作“靶心扩张效应”（expanding bull’s-eye effect）的众所周知的现象：相似的气候影响会造成损失更大的灾难，因为越来越多的人、越来越贵重的资产处于危险中。可以把靶心扩张效应设想成射箭标靶，上面的环（代表人口密度）表示的是，当一支想象的箭或者说是灾难（见图 1.3）射中标靶，有多少人口或财产会处于危险之中。圆环随着时间推移变大，这意味着箭越来越容易击中目标——大灾难的风险增加了。[45]

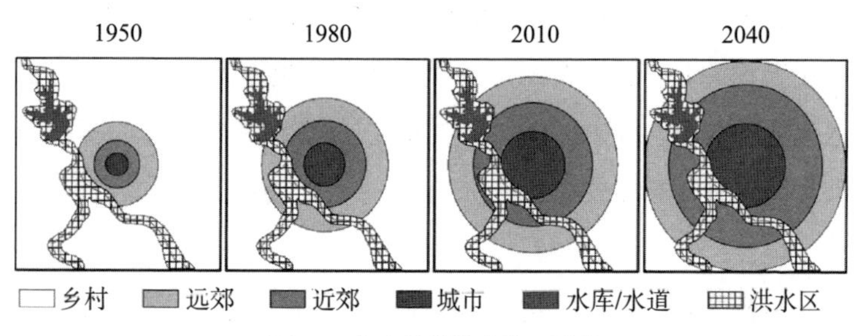

图 1.3　靶心扩张效应演示图[46]

随着城市逐渐扩张，贵的房子越来越多，同样的洪水会造成更大的损失。因此，2040 年洪水造成的损失比 1950 年的要大得多，尽管洪水事件实际上是一样的。

看看一个现实中关于洪水的例子。一项 2017 年的研究调查了 1990 至 2010 年间的亚特兰大，发现暴露在洪泛区的住房数量在短短 20 年内增加了 58%。也就是说，在洪水量以及其他条件相同的情况下，2010 年的亚特兰大比 1990 年平均要多 58% 的住房受灾。2010 年的房屋比 1990 年的更大更贵，所以财产损失也会更高。[47]

类似地，1940 年席卷迈阿密市中心的飓风会损毁 2.4 万套房屋。而同样的飓风今天会摧毁大概 100 万套远贵于之前的房子。2100 年，类似的飓风预计会摧毁 320 万套更贵的房子。

靶心扩张效应意味着，即使未来气候一点也没变化，我们也会看到损失惨重得多的灾难。这不是说全球变暖就没有显著的影响，但这表明，当媒体大肆宣扬近期飓风、龙卷风或洪水是迄今为止损失最惨重的一次的时候，他们想传达的是，损失增长是因为气候变化。实际上，我们看到的大部分（经常是全部）情况是，因为人口越来越多，越来越多的东西处在危险之中。

鉴于媒体的报道，活动家的呼告，以及政客哗众取宠般的许诺，人们害怕全球变暖也就不足为奇了。是的，全球变暖是真的，需要我们严肃关注，但是无尽的悲叹扭曲了我们对该议题的认知。我们需要更好地了解全球变暖*到底*意味着什么。当下存在太多不负责任的新闻报道，这些消息恐吓而不是知会我们。我们需要停止浏览这些吸引眼球的报道，用包括有关适应和靶心扩张效应在内的信息，了解该问题的真正规模。

正如本书后面将论述的，我们也不要再相信认为“气候政策乃最佳方式”的气候报道了。如我们所见，当我们获知上亿人遭受洪灾是因为全球变暖，论点就很容易变成“我们需要减碳来拯救他们”。但我们会发现此举收效甚微。我们会发现，即便全力以赴，在气候政策上投入几百万亿美元，*海平面依旧会上升，只不过比我们什么也不做时的幅度小点*，数百万人依然会遭受洪灾。

如果我们全力投入在适应措施上，我们可以用小于百分之一的成本，拯救几乎所有人。因热致死也是如此；把重心放在气候政策上，花费则远甚于此，但助益却远小于空调。

只有当嘶吼停止，我们才能最终找到最有效的方式，既能解决全球变暖，也能真正帮助人们解决现实世界的问题。

第二章

估测未来

我们思考气候变化及其对未来的影响，需要一个清晰易懂的估测系统。其中有两个关键变量：温度和繁荣度，后者常常用国内生产总值也就是 GDP 衡量。这两项都不是完美的工具，但已是现有最好的了。

气候变化这一概念不仅包括温度上升，还包括其他所有变化，从干旱、洪水到风暴、粮食歉收，从炎热相关死亡到海平面上升。但是，对这些影响和气候科学整体的概括衡量标准是全球温度。不是说它是唯一重要的衡量标准，而是说全球温度是所有潜在影响中最重要的指标。

类似地，当我们讨论人类福祉的时候，我们所指涉的范围，可以从社会的饥饿与死亡水平到教育和经济机会，再到幸福指数和整体生活满意度。GDP 并不能完美地概括人类福祉的每一方面，但比起其他指标，这个指标与人类福祉具备更强的关联性。

全球温度和 GDP 都在上升，且相互影响。我们遏制温度上升的措施会消耗资源，减缓 GDP 增长。GDP 增长通常意味着更多温室气体的排放，进而加速温度上升。为了理解未来会发生什么，我们需要准确地明白这两个变量是什么意思，它们如何互相作用，我们对二者有多少控制力。

一个多世纪以来，我们已经知道大气中二氧化碳越多，温度越高。二氧化碳通常来自煤炭、石油和可燃气的燃烧。随着世界使用化石能源剧增，二氧化碳排放量一直在增加，在过去半个世纪几乎涨了三倍。[1]

二氧化碳气体导致全球变暖是因为，它让太阳的热量进入地球，但阻止了地球上某些热量逃逸，因此地球变得有点像温室，气候变暖。就地球的温度而言，重要的是大气中二氧化碳的总量。尽管世界上的海洋和森林吸收了新排放气体大约一半的量，但每年剩下的排放量会加到总量之中。所以，大气中二氧化碳的量一直在增加：从 1750 年开始，总量上升了 40%。[2]

二氧化碳对气候的影响取决于之前所有的排放量，这一事实说明了问题的规模。即便我们下一年削减了相当多的排放量，空气中二氧化碳总量依然增加，只不过幅度没那么大而已。我们不得不在*长*时间内削减*很多*，才能真正起到作用。把大气想象成浴缸，二氧化碳想象成水。我们不停地往浴缸里注入新的二氧化碳，而排水口（海洋和森林）会吸走大约一半的新增量，二氧化碳总量仍然在上涨。即使我们减缓往浴缸里倒二氧化碳的速度，总量还是在*增长*，只是没那么快了。我们只有不往浴缸里倒二氧化碳，总量才能下降。即便如此，下降速度也非常缓慢——因为排水口只有那么大。

上升中的二氧化碳水平能影响全球温度到什么程度，速度有多快呢？因为全球变暖取决于众多因素，科学家使用计算机模型来模拟很远的未来。严肃的气候模型是庞大而复杂的计算机程序，包含数千张纸长度的代码。这些巨大的超级计算机模型用大气、土地、海洋等一个个小方块的组合代表世界，模拟二氧化碳一直升高的情况下，数百年的时间里各要素大量的互动，包括每个地点的降水、干旱、风暴和温度。这些模型造价昂贵，可能要花几个礼拜甚至几个月运行。

但也有小得多快得多的全球变暖模型，把输入条件简化到只有二氧化碳及少数其他排放，然后模拟全球温度的总变化。其中有一种叫 MAGICC（Model for the Assessment of Greenhouse-gas Induced Climate Change，温室气体引起的气候变化评估）的模型，它部分是由美国环境保护署（Environmental Protection Agency）资助，并运用了联合国气候小组的所有报告。我们可以自己用 MAGICC 模型来计算 21 世纪内的预期温度上升。排放量——也就是输入信息，我们使用联合国研究者的数据，他们设置了未来的场景，从我们非常依赖化石能源，到我们强烈注重减少碳排放的未来场景尽皆有之。现在，我们使用“中间道路”场景进行模拟，此场景本质上就是让事物照以前的样子运行，没有极端的气候政策。此场景下的预期就是 21 世纪二氧化碳的年排放量会一直升高。这主要是因为发展中国家正在变富，并持续如此。[3]

在图 2.1 左侧，你可以看到 21 世纪年排放量预期上升为如今的两倍。把这个数据输入 MAGICC 模型，它就会计算温度上升多少。那就是我们在图表右侧看到的：全球平均温度上升到比前工业时代约高 4.1 摄氏度（如果我们把图一直往左延伸到 1750 年，变化值就是 0）。这一模型帮助我们理解，针对全球变暖，我们能做什么，不能做什么。比如，我们试一试，如果*所有*发达国家在

2020 年停止使用化石能源，也就是说经济近乎完全停止一直持续到 21 世纪末，会发生什么。[4]

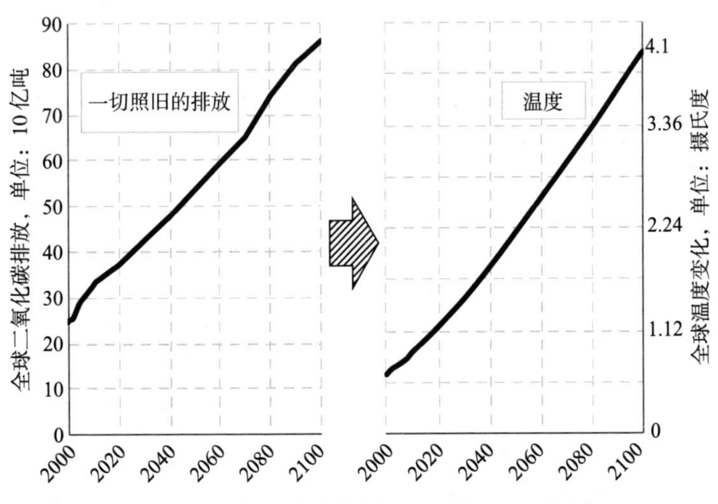

图 2.1　全球二氧化碳排放量和对应温度上升情况[5]

左图显示联合国“中间道路”场景中 21 世纪的二氧化碳排放量。把这些排放量输入 MAGICC 模型中，其结果就是右图所示的 21 世纪温度上升情况。

图 2.2 左侧中的灰线就是其结果。2020 年的排放量急剧减少，因为发达国家停止排放的量占全部排放量的三分之一。但是因为大多数排放都来自发展中国家，排放量会继续走高，只不过没那么快了。总体上，我们可以在 21 世纪剩下来的时间里削减大概四分之一的二氧化碳排放量。图 2.2 的右侧，是停止排放后 21 世纪温度的变化。我们可以看到，温度上升的幅度只会比原来小一点点。影响温度最重要的因素是大气中的二氧化碳——也就是浴缸里的东西。

即使发达国家完全停止所有排放（这是不可能出现的场景），二氧化碳的总量依然会增加，温度也会持续上升。所以，温度上升会减缓，但是只会减缓一点点。即使过了 80 年，差异也低于0.4摄氏度。[①] 因为美国排放的二氧化碳占了发达国家中的40%，在此场景下，美国从今天开始完全停止使用化石能源，到2100年温度也就多降低约0.18摄氏度而已。

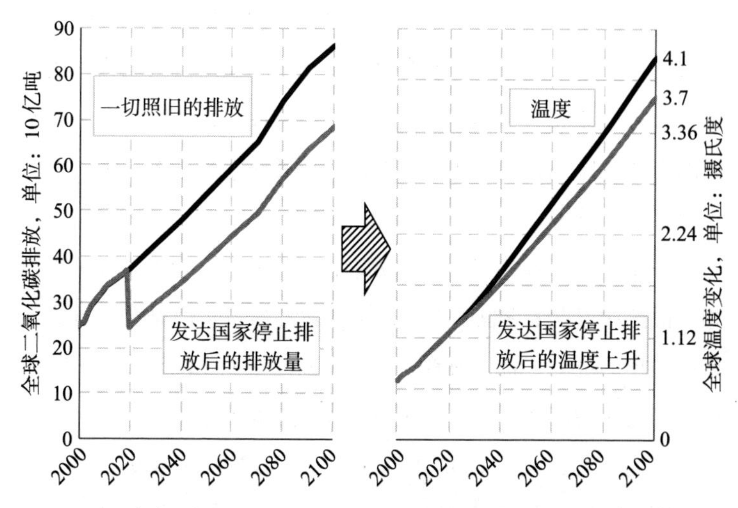

图2.2　发达国家停止排放后，全球二氧化碳排放量和对应温度上升情况[6]

左侧和图2.1一样，是联合国“中间道路”场景中二氧化碳在21世纪的排放量。灰线显示的是如果从2020年开始到80年后所有发达国家全部停止二氧化碳排放后的情形。把这些数据输入MAGICC气候模型，两种不同的温度结果出现在右侧。到21世纪末，如果发达国家停止排放二氧化碳，温度会比1750年上升4.1摄氏度，比另一种情况多降约0.4摄氏度。

---

① 华氏度是美国的温度计量方式，但科学领域（以及世界上大部分国家）都用摄氏度。在气候讨论时，温度限制的那个值是很重要的，可能成为讨论的关键点。2015年《巴黎协定》的目标是将21世纪全球平均气温上升幅度控制在2摄氏度以内，并将全球气温上升控制在较前工业化时期水平增长1.5摄氏度以内。其中的2摄氏度的数值，显然是出于政治上的考量，因为2是一个“干净整洁”的数字——但用华氏度，看起来就有点奇怪了，不过我有时候会写成3.6华氏度（2摄氏度），以提醒你华氏度数字与广泛讨论的摄氏度目标是相关的。另一个温度限制是1.5摄氏度（2.7华氏度），很多人把这当作3.6华氏度之后更加严苛的目标。这个数字来源也是政治性的，用摄氏度表示更好看。——作者注

在经济层面，我们从解释 GDP 是什么开始：简单来说，它是指一个经济体中所有商品与服务的总市场价值，人均 GDP 则由总市场价值除以该社会中总人数得出。这种计量显然是从经济学中来的，屡屡见诸报端，政客也总是提及。但是有人认为，用这种计量方式来衡量福祉是有问题的。他们说 GDP 计算不了看不见的东西，比如我们的健康和教育，或者儿童嬉戏的乐趣。他们说用金融术语衡量福利是短视的。[7]

GDP 并不直接衡量居民的健康，但是包含安全生育和免疫力相关的*健康开销*；它也不直接衡量教育的质量，但是会包含为好老师付出的更高工资，或者在计算机和课本上花的钱。更高的人均 GDP 意味着政府和人民有更多资源解决问题。

简而言之，人均 GDP 更高的国家，其公民可能更长寿，人民和国家能够负担更好的医疗、营养和安全，同时还具备能够降低死亡风险的其他优势。更高的人均 GDP 与更高的教育水平、更低的儿童死亡率有关，因为家庭和社区能负担得起更好的教育和医疗，用以治疗和预防疾病。[8]

过去几十年人均 GDP 的全球性增长解释了 10 亿人如何脱贫。经济增长在过去 30 年里减少了全球原先营养不良人口的近 50%；人们变富之后，就能更好地用上水资源、卫生设备、电和通信技术。[9]

但是 GDP 跟地球的健康有什么关系呢？随着国家变富，GDP 增长，会排放更多的二氧化碳。当这些国家脱离农业，走向制造业，会越来越多地使用能源（其中多为化石燃料）驱动经济，比如中国便是如此。人们变富，就想让自己家冬暖夏凉，就想造更大的房子，买更多东西，旅行更多次，进行更多消费，也就会排放更多的二氧化碳。经济增长意味着贫困大规模减少，但是与此同时又会恶化全球变暖等环境问题。

但是另一方面，增长的 GDP 实际上会*减轻*环境问题，因为贫困常常是造成污染最主要的原因。当下最致命的环境问题之一是室内空气污染，这一问题几乎都是因为全球最贫困的 28 亿人被迫用肮脏的燃料如木材、粪肥和纸板做饭或取暖。呼吸这种恶劣的、污染了的空气等同于每天吸两包烟，其中女性和儿童受害最深。人们脱贫后，就能使用更干净的可燃气或电。自 1990 年以来，室内空气污染致死风险下降了 58%，主要是因为发展中国家的人均 GDP 上涨。[10]

作为*最大*环境杀手的室外空气污染，一开始会随着收入增长而更加严重，但在个人愈加富裕之后，问题会随之减轻。简单来说，当饥饿和传染病等中等程度的问题被攻克后，人们就开始要求更多关于环保的监管了。[11]

森林砍伐亦遵循同样路径。发展中国家大面积砍伐森林是因为他们有发展的强需求，但是当国家日渐富裕，他们又更可能重新造林，这是因为人们对生物多样性和自然的要求越来越多。[12]

这些都是说，我们不应该假设 GDP 上升对地球有害无益。更高的 GDP 不仅代表更好的社会和经济成果，也几乎会指向更好的环境成果。但是钱能让你幸福吗？很多人说不。从常识来讲，钱或许能解决穷人的问题，但是收入超过一定水平，钱就无法让人产生更多的满足了。结果其实是常识错了。[13]

如果你纵观世界（图 2.3 左侧），收入越高的国家的人民对自己的生活越满意。这一关联并不随着收入脱离赤贫而削弱：随着人均 GDP 不停翻番，普通人越来越满足。即便是各国*内部*也是如此

（图 2.3 右侧）：当户均 GDP 翻倍，个人生活满足度上升。即使每年户均 GDP 超过 50 万美元，随着 GDP 继续提高，满足感和幸福感依然在增加。[14]

更高的人均 GDP 不仅意味着更少的死亡、贫困和饥饿，还意味着更好的机会、更多的基础设施建设、更高的生活满足感。此乃人类福祉是否良好的评判标准之一。

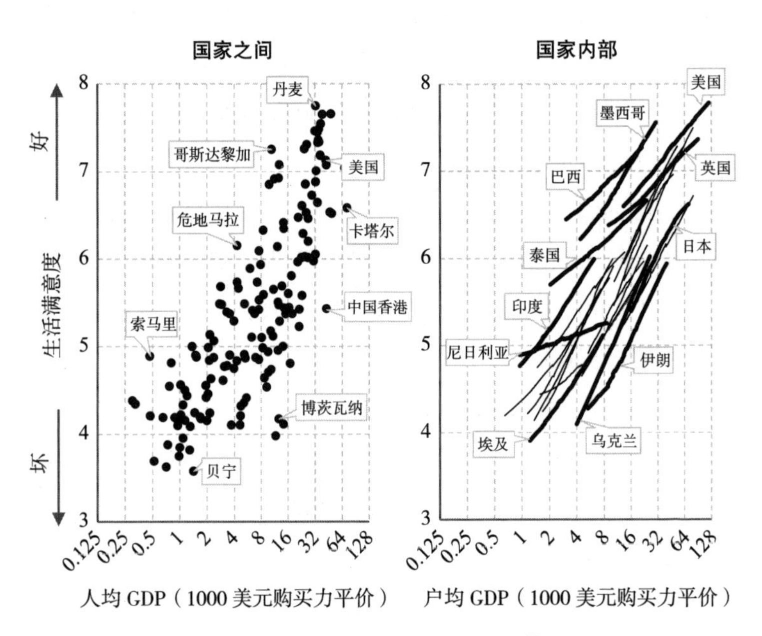

图 2.3 不同 GDP 的生活满足度 [15]

0 代表最糟，10 代表最好。左图显示了各国的人均幸福度。随着人们变富，国民平均满足度也可能更高。右图显示了若干个人口最多的国家内部的相同关系。从美国那条线可以看出，户均 GDP 最低的那一档（年均少于 1.6 万美元）的人平均满足度是 6.6；户均 GDP 12.8 万美元的富裕家庭要满足得多，将近 8。

在未来几十年，几乎所有地方人均 GDP 都可能上升。这会让数以亿计的人脱离贫困，十数亿人获得更多机会，比如避免饥饿，获得更好的教育。这也将是让几乎所有国家的环境状况都变好的主导因素。随着收入提高，选民要求空气污染更少，森林保护更多，河流更干净。这将会极大地影响全球人类福祉。这将让几乎所有人拥有更满意的生活。

这一切毫无疑问都是符合道德的。但是，GDP 增长会导致更多的二氧化碳排放，也会制造全球变暖等问题。此中埋藏着与气候政策的核心冲突，我在后文中将反复提到这一点。解决全球变暖意味着限制全球温度上升，或者是逆转上升趋势，这意味着大大削减二氧化碳排放，而正如我们所见，即使所有富裕国家完全停止排放二氧化碳，也是不够的。而这将意味着放弃最便宜最可靠的能源，拖慢 GDP 增长，令人类福祉大受损失。

我们不得不在本章探讨过的两个因素中找到合适的平衡。如果我们只专注于 GDP 增长，可能导致温度增长到负面影响抵消增长收益的地步。但是如果我们出于恐惧，竭尽全力削减二氧化碳，人类的福祉很有可能下降到远少于我们实现的环境收益。

好在如果我们找到了合适的平衡，世界就能总体变好。我们可以减少变暖带来的最糟糕的影响，同时产生足够的益处抵消 GDP 的削减。

第二部分

气候变化的真相

第三章

关于气候变化更全面的故事

关于气候变化，存在一种“元叙事”，几乎统括了我们一切的所闻所见：来自气候活动家的新闻头条，政客饱含忧虑的演讲，带着紧急气息的电视新闻简讯，描绘黯淡未来的电影和书籍。

其叙事如下：全球变暖令事物恶化，因为它几乎与一切都息息相关，所以一切都在恶化。此故事线告诉我们，雨多的地方，就发洪水，雨少的地方，就闹干旱。全球变暖让好事变坏，让坏事变更坏。

这是一种漫画式世界观。在现实世界里，大部分事情都是好坏兼而有之。你找了份更高薪的新工作是好事，但可能会因压力睡得更少，吃更多不健康的食物。丢掉工作令人悲伤，但你也可能重新评估生活，选择更让人享受的职业。

就像其他事物一样，全球变暖也是有好有坏。雨更多确实会导致某些地区发生更多洪水，但雨更多也可以缓解现有的干旱。总体来说，如果我们纵览所有科学证据，降雨量增加常常能缓解干旱，而*不是*导致更多洪水，也许是因为大部分额外的降雨都用在了农业和工业上。

这并不是说气候变化总体上不会带来显著的副作用，也不说明我们就不应该担心，而是说以偏概全意味着我们所知不足。我们需要看到全局。

根据气候变化的传统叙事，除非我们现在采取激进变革，否则动物与人类将大量死亡，地球将面目全非，社会将解体。尽管这个故事吓人，但简单得令人感到慰藉。这也是错误的，主要是因为其漫画式设定。

在本章中，我将剖析几则流传甚广的气候变化新闻故事，目的是展示没有描绘和传播完整的全貌是如何令我们一知半解，如何催生糟糕的政策。

关于即将来临的气候末日，有一幅经典图片是一头北极熊悲伤地坐在一块浮冰上。北极熊很可爱，没人想它们死。还有比濒危的北极熊更好的全球变暖象征吗？

阿尔·戈尔在其2006年的气候变化纪录片《难以忽视的真相》（*An Inconvenient Truth*）中，加入了一幅一头卡通北极熊随着浮冰漂流的画面，暗示它在漂向死亡。环境保护主义者发起了一场运动，成功说服美国政府于2008年宣布北极熊“濒危”。然而，在全球层面，决定动植物是否濒危的国际自然保护联盟（International Union for Conservation of Nature），只愿意称北极熊处于“易危”状态；自1982年以来除了一次例外，其余每次评估都是如此。[1]

因夏季缺冰而预测北极熊将因此蒙受大灾，未免稍显古怪。北极熊活过了13万到11.5万年前的间冰期，当时可比现在热多了。它们也活过了当前间冰期的头几千年，北极冰盖显著减少，北冰洋中部的夏天甚至长时间无冰。[2]

北极熊专家小组（Polar Bear Specialist Group）的环境保护主义者20世纪60年代就开始研究北极熊的数量，他们确凿地发现，北极熊最大的威胁是无差别捕猎。彼时，北极熊的全球数量据信是在0.5万到1.9万之间。捕猎得到了监管后，到1981年，官方估算数量增长到将近2.3万。从那时起，北极熊数量总体上一直在增长。该组织的最新官方估计是在2019年，北极熊数量也是最多的，达到2.65万（见图3.1）。[3]

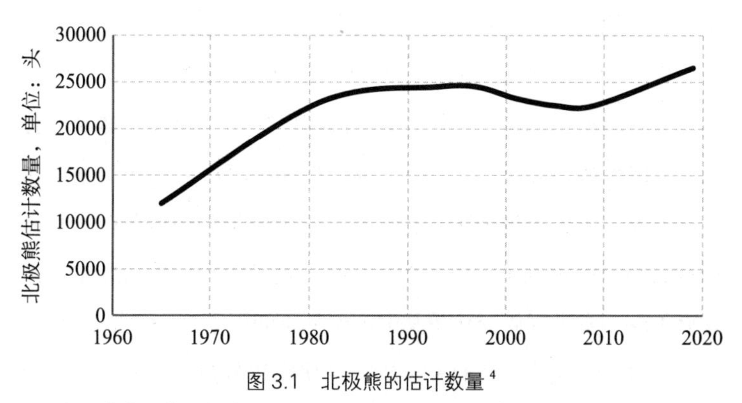

图3.1　北极熊的估计数量[4]

数据来自收集北极熊数据的主流国际组织北极熊专家小组。

显然，这才是我们应该庆祝的成功的保护。但是，北极熊长久以来一直被看作气候变化的受害者代表，这个发现对活动家来说相当尴尬。最后的结果呢？北极熊正在悄悄地从气候变化叙事中消失。

视应对气候危机为己任的英国报纸《卫报》，2019年起决定不再用北极熊来刻画气候报道。（该报继而宣布将多使用极端天气事件中的灾民图片，此举也有问题，我们将在第四章论及。）[5]

类似地，美国联邦政府的“北极报告”（Arctic Report Card）提及了2008年、2009年、2010年和2014年北极熊数量的下降，但是现在，官方估算数据显示数量不再下降，北极熊就不好再被提及了。2017年阿尔·戈尔的后续纪录片《难以忽视的真相2》（*An Inconvenient Sequel*），也没有跟观众分享北极熊幸存的好消息。

北极熊的真正威胁不是气候变化，而是人。在北极周边，每年都有猎人杀掉将近900头北极熊。也就是每年活着的100头北极熊中，就有3头被杀死。如果我们想保护它们，要做的不是急剧减少二氧化碳排放量，用几十年的时间调整对北极熊数量影响还不确定的温度，我们首先要做的是停止射杀它们。[6]

事实上，在物种灭绝上，不论是动物还是植物，人类行为与气候变化相比，都是更具影响力的因素。2018年世界自然基金会的《地球生命力报告》（*Living Planet Report*）发现，过度开发（如过度捕捞）和栖息地消失（自然环境变成农场和城市）在所有物种威胁因素中占到了70%—80%。而当我们探究是什么导致了种族灭绝时，发现气候变化是其中占比最小的因素之一：占比5%—12%。2016年发表在《自然》的一项研究也称过度开发、农业和城市发展是最普遍的物种威胁，气候变化是七种因素中最不重要的。这意味着最常规的行动才最有用：比如监管渔业，保证给自然更多的空间。所以没错，如果我们想拯救动植物，需要改变行为，但不是以气候活动家所说的方式。[7]

除了北极熊，还有什么比热浪更能代表全球变暖？近年来的夏天，欧洲和美国部分地区的热浪已经成为地球未来将无法居住的终极证据。热浪一无是处——它充满危险，还能杀人。但事实上，寒冷要危险得多，它杀死了更多人。也就是说，世界变暖反而让很多人受益。

2015 年，科学家在《柳叶刀》（*The Lancet*）发表了一篇迄今规模最大的关于气候致死的研究，调查了 13 个国家和地区共 384 个地点总计 7400 万死亡案例。其中包括加拿大等寒冷国家，西班牙和韩国等温度适中国家，巴西、泰国、中国台湾等热带国家和地区。科学家发现，0.5% 的死亡是由炎热引起，但超过 7% 的死亡案例是寒冷导致。每有 1 个因热致死的人，便有 17 个因冷致死。[8]

因冷致死获得的关注度更低，一部分原因在于死亡没那么突然。因热致死是由于身体温度过高，破坏了弱者（常常是老人）的体液平衡和电解质平衡。寒冷杀人常是因为身体限制了血液流向皮肤，导致血压升高，降低了对感染的抵抗力。

大体来说，热杀人于几天内，而冷杀人则用几个星期。在《柳叶刀》这项大型研究中调查的 13 个国家和地区里，每年有 1.4 万人死于炎热，而超过 200 万人死于寒冷。我们听说过热浪在几天内杀死数百人，但不曾听过几千人因寒冷而缓慢死亡；这是因为，大多数年迈体弱者在无名的公寓里历经数周或数月时间缓缓死去的时候，并没有媒体拿着摄像机对着他们。

让我们看看英国的例子。每年，每当有 1 个因热致死的人，就有 33 个因冷而死。在不久前的一个冬天，寒冷在英格兰和威尔士杀死了 4.3 万人。某年一月仅一个星期，就有 7200 个命不该绝的人被寒冷杀死。因为寒冷，太平间尸满为患，家人不得不等待数月才能埋葬自己的亲属。但是这并没有成为广为人知的新闻，因为因冷致死并不符合气候变化的叙事。[9]

印度也类似。近期 CNN 播出了一则花费数月制作的报道，内容是印度因炎热造成的骇人影响，标题是“印度最长热浪之一，已致数十人死亡”。这又是媒体和全世界气候活动家讲出的一则强有力的故事。但相当吊诡的是，该报道对准的是因温度死亡问题中*最小*的风险。科学文献显示，尽管在印度每年因极端炎热死亡的人数是 2.5 万人，但是极端寒冷杀死的人数是其两倍。事实上，最大的杀手是中度寒冷，每年杀死令人咋舌的 58 万人。[10]

CNN 本可写很多新闻告诉我们“印度常态寒冷杀死 50 多万人”，但它从来没写过。

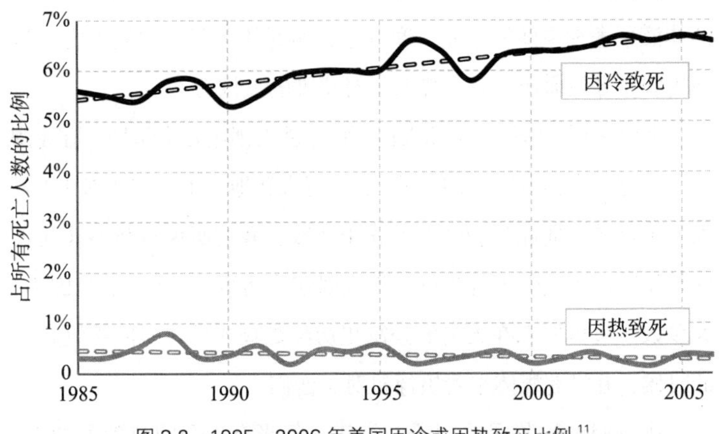

图 3.2　1985—2006 年美国因冷或因热致死比例[11]

虚线为最佳线性估计。

我们在第一章看到，关于未来数千人因热而死的耸人头条是基于“温度上升也没有人买空调”这种离谱假设之上的。关于热与冷的致死人数，美国最新数据只有截至 2006 年的，该数据显示因热致死人数很少而且其实是呈下降趋势（因为人们并不会像研究假设的那样，而是真的会买空调），因冷致死人数则多得多，且实际上在*增长*（见图 3.2）。[12]

为什么？减少因热致死比减少因冷致死要容易，在某种程度上因为炎热是短期现象。应付热浪，你只需要一台空调。在最热的日子里，你或许能坐在有空调的房间里，而冷则需要长期的结构性回应，比如给家和办公室安装隔热层，在整个冬季持续供热。

如果我们假设没有适应措施，温度上升诚然就意味着因热致死数量上升。但是我们也应该理所当然地承认，温度更高意味着更少人因冷而死。因为几乎每个地方都是因冷致死多于因热致死，即便没有适应措施，适度的温度上升很可能意味着，*免于*因冷致死的人大体上会多于额外因热致死的人。[13]

但关键是，忽视人类的适应力而作出的假设并不合理。随着温度和财富增长，人们会做出相应改变来应对。因为适应热比适应冷要容易得多，冷可能依然是更凶残的杀手。我们没有关于因冷或因热致死相关适应措施的全球性分析，但是就美国而言，一项 2017 年的研究显示，在*有*适应措施的情况下，即使存在显著的温度增长，总体上死亡人数也在变少。[14]

我们需要从中吸取两条教训。首先，只关注因热致死导致我们认为事态非常严峻，加重了恐慌。其次，这也意味着我们把重点放在了因热致死这一较轻的问题。在很多地方，面对炎热我们只需要采取常规适应措施就能相对轻松地解决，反而对更大也更难解决的因冷致死关注太少。2015 年一项对马德里因热和因冷致死的分析显示，不仅因冷致死的人数夸张到是因热致死的 5 倍，而且因热致死处于下降趋势，尤其是在老龄组；而因冷致死的人数比在全部年龄组都在增长。研究者得出结论，急需“针对寒潮推行公共健康防御措施和行动”。[15]

气候变化正在对自然做什么？按照我们每天听到的版本，它正在把绿色牧场和森林变成风沙侵蚀区。现实恰好相反。全球变暖正在史无前例地绿化地球，科学家对此的认识有些滞后，但是全球变绿如今在一些全球性研究中得到了验证。2016 年，迄今最大的卫星探测证实，过去 30 年里，世界上新增了一半以上的植被覆盖区域，只有 4% 的植被覆盖区域在变黄。[16]

全球变绿主要是因为二氧化碳肥沃化。没错，是二氧化碳，它造成了全球变暖，也帮助植物生长——二氧化碳越多，长得就越多。重新造林和强度更大的农业行为也是地球绿化的原因。中国在过去 17 年里，绿色区域几乎翻倍，部分是因为大规模的植树造林计划，部分是因为二氧化碳，部分是因为种植了多种作物，土地每年绿得更久。[17]

研究者发现，过去 35 年里全球变绿导致有两个美国主体面积大小的植被区域更枝繁叶茂了。这就相当于用植被绿化了整个澳洲大陆，两次。仅仅几十年，二氧化碳就绿化了相当于整整两个澳洲大陆的面积，实属不同寻常——却几乎无人知晓。[18]

21 世纪，随着二氧化碳排放量增加，世界将持续绿化，尽管绿的*程度*还存在较大争议。如果我们测算全球所有植被的重量，其中一个标准估算显示，19 和 20 世纪之交，平均每年有 5300 亿吨（见图 3.3）。绿色植物的重量在未来 70 年逐年走低，因为人们砍伐了更多的森林，以植被重量更小的耕地上的作物取而代之。[19]

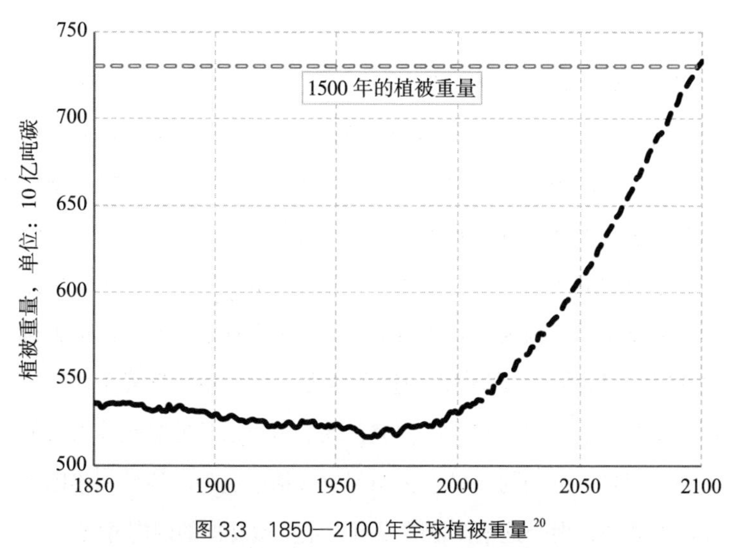

图 3.3　1850—2100 年全球植被重量[20]

实线是植被实际重量的估算，而虚线则表示在 21 世纪接下来的时间里如果二氧化碳排放量急剧增加后的可能走势。1500 年的植被重量估算供参考对比。

但 20 世纪 70 年代发生了奇事：因为全球变暖，绿色植被越来越多。21 世纪接下来的时间里，随着我们排放更多的二氧化碳，此趋势将持续。实际上，如果我们按照标准的最大二氧化碳排放量来算，到 21 世纪末绿色植被重量将比世纪初多出将近 50%。一项估算认为，世界植被数量将*超过* 1500 年，也就是我们开始大规模砍伐全球植被之前。[21]

这些都不是在说全球变暖万事大吉——远非如此。首先，可能并不是所有的植被都被我们喜欢或需要，尽管总体来讲我们喜欢更绿一点而非更黄一点的世界。这也不能掩盖全球变暖还携带着其他众多挑战的事实，包括海平面上升，热浪增多。但非比寻常的是，全球大规模变绿得到的关注如此之少。这是全球变暖话语太过狭窄的另一个表现：只关注负面。

战争频发是气候活动家扛的另一面大旗。他们认为气候变化是叙利亚正在内战的关键原因，而这场战争也是众多事件的先兆：温度更高意味着战争更多。但现实更加复杂；事实上，唯一强有力的科学发现是，温度更高与战争存在*较少*关联。[22]

把叙利亚发生的暴行归咎于全球变暖造成的干旱，这个想法是出人意料的，因为叙利亚历史上就不善管理水资源，再加上过去35年人口涨了三倍带来的资源压力，英美外交政策在该地区数十年的影响，宗教和种族冲突，政治压迫以及地缘政治力量的干涉。而且，近期的干旱也影响到了包括以色列、约旦和黎巴嫩在内的邻国，但是这些国家并没有发生类似规模的国内冲突。

2014年，一项干旱和气候变化对叙利亚叛乱影响的研究认为："对气候变化夸张的关注，把叙利亚自然资源崩溃的责任，从20世纪50年代以来叙利亚各级政府的身上转移了，阿萨德政府得以把自己的失败归咎于外部因素。"2019年一项类似研究认为："叙利亚气候冲突论没什么价值。"参议员伯尼·桑德斯2015年为自己的民主党总统竞选造势时提到了叙利亚气候冲突论，却被事实核查员驳斥。但这种叙事依然在持续。[23]

此外，当人们指摘全球变暖可能导致特定地区（比如叙利亚）干旱恶化的时候，犯了一个明显且普遍的逻辑错误。下一章我们会从全球视角来看待这个问题：气候变化确实在某些地区恶化了干旱，但是也在很多地区缓解了干旱；你不能宣称全球变暖在叙利亚恶化了干旱，然后忽视其他地区干旱的*缓解*。没错，随着时间推移，气候变化可能增加叙利亚的干旱程度，但是全球变暖也会增加全球降水，缓解其他很多国家的水资源紧张，包括几内亚、塞拉利昂、马里、布基纳法索等国。所以，如果我们赞同这一逻辑，担心叙利亚等地战火变得更猛烈，不是也应该感谢因全球变暖而增加降水、减少干旱，进而使其他地区内战*更少*发生吗？[24]

2019 年发表的最新调查显示，在全球范围，“文献并没有发现气候与冲突的发生存在强力且普遍的关联”。事实上，研究了北半球成百上千年来温度变化和战争肇始关系的调查显示，*温度更低*与战争更多有着明确的关联。寒冷引发战争，是因为寒冷造成农业歉收，进而导致社会问题；社会问题常常造成战争、饥荒和人口减少。[25]

更重要的是，把战争归咎于气候的任何方面时，都要极其小心。2019 年的一项研究中，研究者调查了造成冲突的 16 种不同因素。科学家按照它们的影响力排了序，气候排在第 14 位，与发展不佳、人口压力、腐败等更重要的因素相比，排位远远落后。科学家得出结论：“其他因素如低社会经济发展和低政府能力，都被判定为影响大，而‘气候—冲突’关联机制仍然存在非常强的不确定性。”[26]

关于气候变化，我们能听到连篇累牍轮番轰炸的讯息，而且几乎都是负面的。如果听到的总是这些内容，我们对世界的理解就出现了偏差。在此明确一下，全球变暖总体上会对我们的星球和人类福祉产生负面影响，所以整体来说，坏处大于好处。但是报忧不报喜这一贯穿始终的主叙事，不太可能为我们提供足够的信息以便采取明智的行动。了解全貌至关重要。

第四章

极端天气还是极端夸张？

“**气候变化**的强烈信号。”这是《华盛顿邮报》近期对极端天气的形容。不论是洪水、森林大火还是毁灭性飓风，极端天气事件都不可避免地被媒体当作气候变化不仅真实存在而且紧急致命的证据。[1]

但是全球天气真的更极端了吗？严重干旱、飓风、洪水、火灾真的越来越多了吗？为了回答这些问题，我将勾勒科学是如何解释的。一般我会使用联合国气候科学家——政府间气候变化专门委员会（Intergovernmental Panel on Climate Change）的发现。他们的报告通常被视为黄金标准，因为它们细致且令人信服，由全球顶级科学家组成的大型团队写成。为了看到对美国的预估，我也会使用政府官方的结论——美国国家气候分析报告（US National Climate Assessment）。

许多发现都与“一切都在变糟”的元叙事相悖。它们看上去反直觉，因为我们习惯认为自然灾难因气候变化正在恶化。所以，情况到底如何呢？

部分问题出在媒体身上。报纸塞满了坏消息，因为“一切安好”就不是新闻。过去 30 年，民调显示大部分美国人都相信犯罪现象越来越多，即便统计数字反复表明犯罪率在下降，而且常常是断崖式下降。这种脱节大体上可以用一个事实解释：不论犯罪减少了多少，总有足够的恶性新闻见诸报端和电视。媒体报道能够助长犯罪越来越猖獗的印象，即便统计数字与之相反。政客为了显示自己“对犯罪强硬”，也会讨论它，进而放大了问题，因此统计事实和舆论愈加背道而驰。[2]

涉及气候变化之影响，我们正在目睹一种类似的动态。极端天气的报道充满戏剧性——火焰吞噬了洛杉矶公路，记者冒着狂风暴雨站在摄影机前，灾民在被洪水淹没的城市街道上行舟。不出意外，人们被迷住了，媒体尽其所能搬出类似的新闻报道。全球变暖是解释这些灾难简单又粗略的方式，许多政客忙不迭地宣称自己“对气候变化强硬”。因为这种叙事*感觉*正确，就罔顾科学事实。

你可能认为，我们对天气的体验应该是一样的，与政治身份毫无瓜葛：如果民主党人和共和党人同时看向窗外，他们对天气的体验应该一致。令人惊奇的是，并非如此。民主党人对气候变化的担忧，远甚于共和党人，他们更可能相信在*自己居住的地方*，干旱、洪水、野火和飓风，在过去十年里变得更频繁或更严重了。（相反共和党人则不那么相信。）[3]

因为政治观点不同，原本和你住在相同地方的人，竟可能对天气有着完全不同的体验，令人称奇。但也说得通：害怕气候变化的人会认为：“上次我经历的风暴比其他的严重：一定是因为气候变化。”类似地，对此相对来说不关心的人则总是回溯历史并认为：“是没错，但 1935 年的飓风可严重多了。”两种情绪都可以理解，也说明我们的方法论不能只基于情绪。

这是气候变化的经典形象：被可怕的干旱击裂的红土壤。事实上，许多减碳论据都基于气候变化恶化干旱的观点。[4]

但是在联合国气候科学家的最新一篇大型全球性报告中，我们可以发现此论有误。他们称，“全球范围内，并没有明确可观测的干旱趋势”。他们发现，自 1950 年开始，干旱在地中海和西非地区可能增加了，但在北美中部和澳大利亚西北部可能减少了。换句话说，在整个地球层面，并没有出现更多干旱。[5]

就美国而言，联邦政府最近的美国国家气候分析报告毫不含糊地称“因长期以来的降水增长，干旱在美国本土大部分地区都减少了”。所以，与你在新闻中看到的相反，即便是美国自己的气候分析也告诉你干旱*减少*了，而非增加了。[6]

而且，联合国科学家发现，可能大出所料的是，人为气候变化和干旱之间所谓的关联实际上并不强：“把全球地区自 20 世纪中叶开始的干旱变化归咎于人类影响，其置信度低。”美国国家气候分析报告也认同此观点。科学家依据的数据几乎都没有显示全球范围内干旱在增加。2014 年一项研究甚至发现自 1982 年以来全球干旱持续减少，另一项 2018 年的研究发现下降趋势从 1902 年就开始了。证据还表明，全球在过去 90 年里，连续干旱的天数一直在减少。[7]

在美国，监管海洋、水路和大气的官方科学机构美国国家海洋和大气管理局（National Oceanic and Atmospheric Administration）发现，从 1985 年开始，除阿拉斯加和夏威夷外的美国 48 州，非常干燥的地区并没有增加，事实上，可能还有些微的减少，从 12% 降到了 10%，不过数据上并不明显。所以，与我们常常听到的不同，不论是全球还是美国，气候变化加重了干旱的观点是不对的。[8]

但未来的干旱呢？联合国气候科学家发现，在中等置信度下，如果碳排放量急剧增加（事实上不太现实），那么到21世纪末，已干旱地区的旱灾或有增加的风险。类似地，美国政府科学家发现，如果碳排放比主流设定情形快很多，如果没有提高水资源管理水平，那么慢性且长期的旱灾“到21世纪末，出现的可能性越来越大”。[9]

所以，气候变化恶化未来旱灾的主张是可能的，但有一个前提条件至关重要：这种结果只有达到可能性很低的极高碳排放才可能发生，其影响也直到21世纪末才能真正显现。而且，正如美国官方报告明确指出，这种恶化是在假设我们不采取任何措施更好地保护和保存水资源的情况下，才可能出现。

在现实世界，最后这条假设不现实。事实上，在旱灾期间的加利福尼亚州，水库可以减少50%的干旱缺水，然而大范围用水（主要是灌溉）几乎能让旱灾时间和缺水量翻倍。与改变全球二氧化碳水平相比，这些不论积极还是消极的行为，都能更迅速、更快捷、更有效地改善干旱。关键的是，如果诉诸科学，气候变化造成旱灾的断言可以说无凭无据。[10]

莱昂纳多·迪卡普里奥（Leonardo Dicaprio）2016年推出了一部聚焦气候变化的纪录片：《洪水泛滥之前》（*Before the Flood*）。《滚石》（*Rolling Stone*）杂志2019年发表了一篇题为“如何在洪水泛滥的世界生存”的关于气候变化的文章。同年，《纽约时报》宣称：“洪水预演了未来的气候大混乱。”[11]

与迪卡普里奥和媒体不同，世界上最好的科学家通力合作，试图探究洪水与气候变化的关系，但他们找不到足够的证据证明洪水是变多了还是变少了。联合国细致地估算了全球洪水的总量，发现连洪水是否更频繁都不明确，更不用说是否与人类有关了。

对于内陆洪水，联合国的科学家称“因缺少证据，全球范围内洪水强度和频度趋势的置信度都低”。美国全球变化研究项目（US Global Change Research Program）明确表示无法将洪水变化归咎于二氧化碳，也找不到洪水强度、持续时间或频度的可循变化。[12]

这个结论在全球层面正确，并不表示在本地层面就一定正确。在美国某些地区，比如密西西比河上游地区，洪水就增加了。但是在美国其他地区如西北地区，洪水就减少了。所以总体来说，美国官方气候学家得出了与联合国同僚类似的发现，他们“没有证实河流洪水增长与人类导致的气候变化之间存在显著关联”。[13]

有时候，人们会在没有任何科学证据显示某事件与气候变化有关的情况下，举出特定的洪水案例（如美国得克萨斯州或意大利威尼斯）是由气候变化“造成”的。有时候，某洪水事件与气候变化相关是有科学支撑的。这通常意味着，研究者运行气候模型的时候，以纳入或没有纳入二氧化碳排放作为对照组，发现纳入二氧化碳排放的气候模型造成了更多的降水，与洪水出现的规律是相符的。但我们需要停下来好好想想。如果我们只在有洪水的情况下观测计算机模型，那有时候我们就忽略了所有没发生洪水的地方；而由于气候变化意味着某些地方降雨变少，在没有气候变化的情况下反而*有可能产生洪水*。这是联合国宣称总体上*全球*洪水没有增加的时候，想传达给我们的讯息。只报道负面可悲地导致我们的理解出现了偏颇。

未来，出现大雨的概率增加，径流显著增长的地区将扩大，而径流增长会增加洪水出现的风险。但是联合国科学家强调“洪水的趋势受河流管理体系变革的强烈影响”。这是在告诉我们，在减少洪水方面，存在比减碳重要得多的杠杆可供使用。即便是在未来，洪水危害也受到如河流管理等其他人类因素以及洪泛区里建筑多寡的影响更大，而不是气候变化。[14]

美国政府科学家认为未来大雨增加可能“造成某些汇流区或地区的区域性洪水增长”，但尚不明确*什么时候*能检测出气候对洪水产生影响。我们知道，当下还不能确定洪水跟气候存在关联，而美国政府甚至指出不知道*什么时候*或*是否*能在未来宣布二者有关联。这种情况下，气候活动家宣称自己更懂，再怎么说也是傲慢的。事实上，2018 年的一项研究指出“尽管气候界流传甚广的断言称如果极端降水增加，洪水也一定增加”，但事实上“洪水强度正在减小”。[15]

当然，我们需要区分洪水的真实发生率（显然不是在增加）和洪水造成的*危害*。造成危害的洪水照片常常被使用——不论是迪卡普里奥、戈尔还是全球媒体，作为全球已被气候变化改变的明确例证之一。但是当我们听说洪水损失因气候变化而剧增的主张时，需要考虑的是，损失增多是因为处于危险中的房子数量和价值在增长，正如我们在第一章中所见——靶心扩张效应。

美国经通货膨胀调整后的洪水总损失从 1903 年的平均 35 亿美元增长到 2018 年的 128 亿美元，是 1903 年洪水年度总损失的 366%。但是美国房屋数量飙升了：到 2017 年，受灾的房屋是 1903 年的 750%。1903 年的一场洪水每影响一间房屋，如今类似的洪水就会淹掉平均 7.5 间房屋。而且，房子也大多了，价值更高，里面的贵重物件也更多。单从 1970 年开始，房屋平均大小就增长了一半，价格涨了三倍。[16]

校正房屋数量和价值的剧烈变化，有一个简单的方式，就是把洪水损失同 GDP 对比。如果我们真的有 1903 年以来洪泛区房屋价值数据，校正幅度会更高，但这种方式依然能展现非常明确的结果。

图 4.1 显示了 1903—2018 年美国洪水的总损失。该图显示，20 世纪初被淹没的房屋数量少，且多数价格便宜，平均洪水损失依然占每年 GDP 的 0.5%，1913 年的大洪水创造了至今仍未被打破的 2.2% 的记录。如今，房屋数量更多、价值更高，但只有少数年份的平均洪水损失超过了每年 GDP 的 0.05%——大部分年份少于原来的十分之一。所以，尽管洪水危害的美元价值剧增，但是洪水损失占国内生产总值的比例，比一个世纪前要低得多。

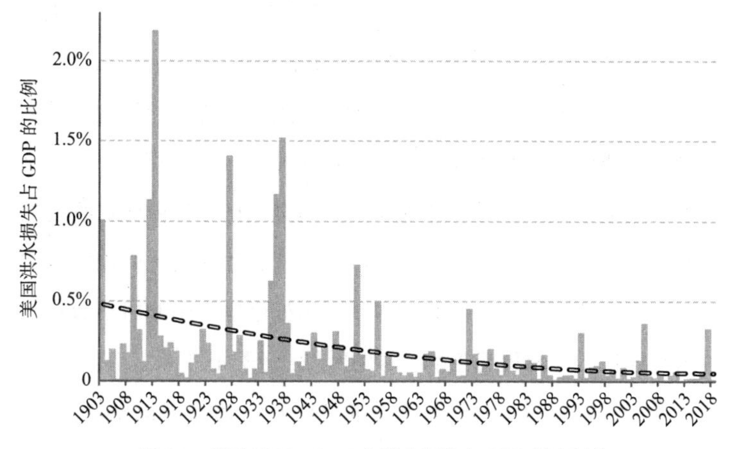

图 4.1　美国 1903—2018 年洪水损失占 GDP 的比例[17]

虚线表示最佳拟合线。

这一切都是在说，我们需要以不同方式思考洪水。全球范围内，洪水发生概率并没有上升，也没有证据表明全球变暖导致更多洪水。在某些区域，因气候变暖而雨水增加*可能*最终导致洪水增加，我们应该用明智的水资源管理政策为此情形做好准备。

然而，我们不应该把洪水造成的损失的增长趋势与洪水本身（或进一步来说与气候变化本身）混为一谈。它完全是因为房子数量和价值增加导致的；与美国的国内生产总值相比，损失实际上降低了约十分之九。我们若想进一步削减这个数字，解决方法并不是大幅减少二氧化碳排放，而是不要在洪泛区建造又大又贵的房子。

不论南半球还是北半球，每年夏天都会发生野火（非人为性火灾），导致人们普遍认为野火的发生频率、严重程度和危害程度都在增加。也许是因为火焰的照片太过骇人，或是因为大火总是意外发生，或是因为（尤其是在加利福尼亚州）火焰吞噬了大富之家的房子，野火已经成为全球温度失控最具政治影响力的象征之一。[18]

真实的情况与这种危言耸听的叙事几无相干之处。首先，在过去 150 年里，我们遭遇的大火急剧减少。根据横跨六大洲逾两千年的沉积物碳环境记录调查显示，全球大火次数从 1870 年开始一直在急速减少。很大程度上，这是因为在所谓的燃料变革（pyric transition）后，人类普遍停止在家燃烧木材，转而开始在发电厂和汽车里燃烧化石燃料。这意味着当下火几乎已经从家庭里消失（除了世界上最穷困的那些人）。把火限制在引擎和发电厂，我们得以控制火在世界其他地方的存在及其负面影响。[19]

相当多的证据表明由火造成的损害降低了。卫星显示仅在过去 18 年里，全球被烧区域就减少了 25%。过去 110 年里，全球被烧区域减少的主要因素就是人类活动：越来越多的人开始种植作物，他们不想失火，因此会采取抑火措施和森林管理措施。总体上，全球被烧面积已经下降了超过 54 万平方英里①，从 20 世纪上半叶的 190 万平方英里下降到如今的 140 万平方英里。[20]

① 本书为译作，原书在欧美地区发行，故面积单位有平方英里、平方英亩等。本书为与原书及原数据一致，在部分内容中保留了原有单位的表达。——编者注

最近，科学家做了一次全球模拟，发现从1900年开始，全球农田和牧场被烧面积在增长。然而，未开发土地和被开发过但正在恢复的土地被烧面积下降得更多。总体上被烧面积下降了三分之一。[21]

这些都并非表示野火不是问题。美国（尤其是加利福尼亚州）的野火吸引了全球大量关注。2018年政府科学家做了一次官方评估，得出结论“美国西部和阿拉斯加森林大火的发生率从20世纪80年代初一直在增长”，他们预测随着温度上升，此趋势将会继续走高。[22]

确实，如图4.2显示，被烧面积从20世纪80年代的平均每年300万英亩增长到21世纪头十年的700万英亩。然而，与20世纪上半叶的每年燃烧速率相比，增长幅度依然非常之小，20世纪30年代，平均每年3900万英亩面积被烧。所以，尽管气候变化可能会增加野火烧过的面积，也值得我们认真对待，但是与历史数据对比，其影响并没有那么大。

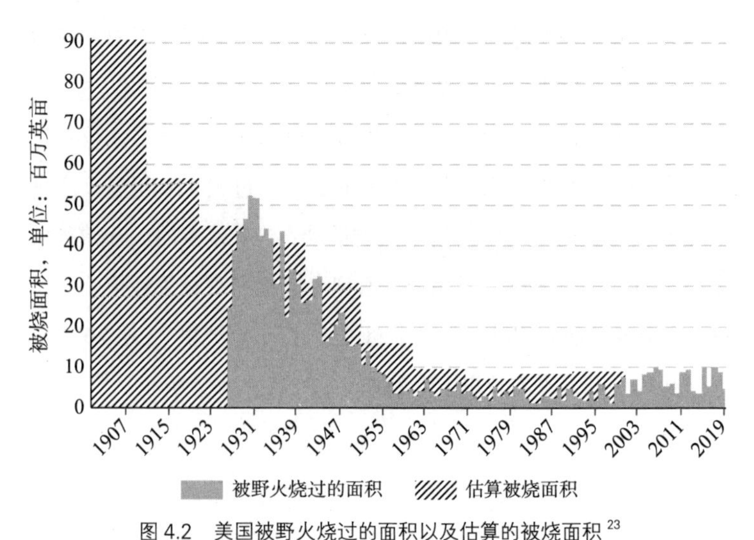

图4.2 美国被野火烧过的面积以及估算的被烧面积[23]

重要的是，我们如今正在目睹的增长，大部分可能跟气候关系不大，而与其他人类更可控制的活动有关。2017 年的一项研究发现，人类所在之处产生的火灾，气候都是次要因素。该研究发现，显著的人类存在——如临近城镇和道路、某区域的人口数量、已开发的土地面积——可以“压倒或消灭气候的影响”。[24]

实际上，在美国西部火灾风险高的区域，住房数量急剧增长，从 1940 年的 50 万增长到 2010 年的将近 700 万，比同一时间段内美国全国的住房增长速度快三倍，所以当然会有更多的房屋遭遇火灾。而且，这一增长趋势预计会持续到 2050 年，也就是说我们减少野火损失的首要目标应该是阻止人们在火灾高风险区域建造房屋。[25]

野火的损失也在增长，不是因为野火更多了，而是因为靶心扩张效应。美国尚无相关研究，但一项在澳大利亚的研究发现，野火损害的房产价值在上升，原因是人变多了，建在高风险地点的房子变多了。如果把处在风险中的房屋数量和价值考虑进来做个校正，趋势就不是增长了，反而是些微但不显著的减少。[26]

我们应该认真对待野火：全球变暖增加野火出现的风险（尽管 21 世纪不会达到人类在 20 世纪中叶时遭遇的水平）。跟 2000 年相比，最糟糕但不现实的情况是，高温趋势到 2050 年让全球被烧面积增长 8%，到 2100 年增长 33%；但是即使是 2100 年，被烧面积依然少于 1950 年。[27]

对于高风险的加利福尼亚州来说，到 21 世纪中叶，与 2000 年相比，全球变暖会让被烧面积中位数上升 10% 到 15%。但是与同一时间段火灾风险最高地区的房屋数量增长 50% 的数字相比，这一增长相对较小。[28]

和应对洪水一样，管理火灾的最佳方式不是专注于二氧化碳水平，而是监管人类行为。规划决策远远比气候影响重要。建筑规范和监管至关重要，正如土地管理政策用来保证很好地控制森林火灾，有效的灭火策略用来防止大火扩散。总而言之，如果我们要认真地减少未来的火灾损失，监管者和保险公司需要传达一条严厉但清晰的信息："你不能住在引火盒一样的火灾高风险区域。"

飓风，科学上又称作热带气旋，是造成损失最重的气候灾害。单单从 1980 年开始，登陆美国的飓风数量就占到了这一期间全球灾害性天气的三分之二。飓风卡特里娜（2005）、飓风桑迪（2012）、飓风哈维（2017）、飓风厄玛（2017）、飓风佛罗伦萨（2018）、飓风多利安（2019）都曾被用作气候变暖导致极端天气的例证。但经同行审议过的科学论文并不是这么说的。[29]

联合国气候科学家看过证据之后总结称，全球范围内飓风并没有变得更频繁；他们发现"全球热带气旋频率并没有明显可观测的趋势"。他们确实发现大西洋北部的风暴增多了，但是跟空气污染有关。他们特地说明，把飓风活动的变化归结于人类影响的置信度并不高。[30]

这一发现得到了美国国家气候分析报告的证实，其结论是大西洋的飓风活动增加了，但无法归因到气候变化上。NASA 的气候科学家不仅赞同此论，还进一步指出至少未来*几十年*也无法检测到气候变化对其的影响。[31]

不仅如此，2018 年一项新研究揭示，登陆美国本土的飓风在频度和烈度上都无趋势可循；事实上，要说有的话，趋势是轻微的（尽管统计学上并不显著）*下降*。几乎所有飓风都是如此，最严重的三级及以上飓风也不例外。[32]

不过，美国飓风造成的损失急剧上升，这常常用于表明气候变暖正在令飓风更严重、更具破坏力。但真实的原因仍然未变——是靶心扩张效应。

从 1900 年开始，美国人口涨了四倍，沿海人口增长更多。墨西哥湾和大西洋沿岸从得克萨斯州到弗吉尼亚州的沿海诸县人口在此期间涨了 16 倍。佛罗里达沿海人口则非同寻常地涨了 67 倍。如今，居住在佛罗里达州南部戴德和布劳沃德县的人，比 1940 年住在得克萨斯州到弗吉尼亚州整个沿海地区的人口还多。1940 年的飓风要想袭击和当代飓风袭击戴德和布劳沃德时一样多的人口，就必须肆虐整个墨西哥湾和大西洋沿海。[33]

从得克萨斯州到缅因州，距海岸 50 公里内的房屋数量从 1940 年的 440 万涨到了 2000 年的 2660 万。代入房屋数量的增长后，损失加剧的叙事就显著变化了。[34]

如果我们只看图 4.3 左侧飓风造成的通货膨胀调整后的损失，显然数据是急剧增长的；如果我们用占 GDP 的比例来看，也有依然正确的部分，因为沿海脆弱性的增加远比 GDP 多。这就是为什么研究者要估算如果历年来飓风袭击的是当下的美国，飓风损失会是多少。

1926 年的迈阿密，强飓风摧毁了城市的大部分（因而导致装饰风艺术在重建地区盛行）。当时只有约 10 万人住在迈阿密，房屋也远比今天便宜。经通货膨胀调整后的损失可计为 160 亿美元。若同样路径、大小和烈度的飓风在今天再一次出现，它将成为美国历史上最大的天气灾难，造成的损失达 2650 亿美元。如果把 1900—2019 年登陆美国的全部 200 多个飓风模拟在今天发生，就可以验证靶心扩张效应，因飓风造成的损失没有明显的增长。不仅美国如此，科学家在澳大利亚、中国也发现了类似的结果。[35]

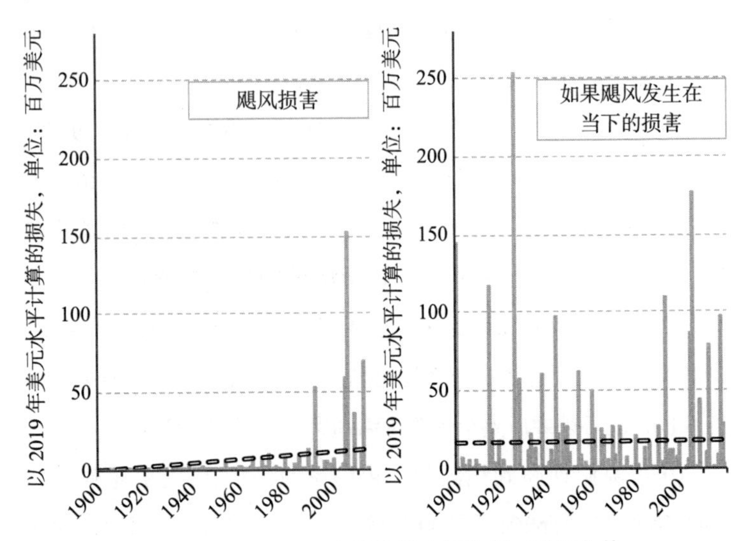

图 4.3　1900—2019 年登陆美国的飓风造成的损失[36]

左侧显示了美国大陆 1900—2019 年所有登陆的飓风造成的损失，以 2019 年的美元计算。右侧显示如果相同的飓风在今天袭击美国会产生的损失。虚线为最佳拟合线。

联合国气候科学家发现，最佳但薄弱的证据表明飓风在未来会更少且更猛烈。更剧烈的飓风可能带来更多损害，意味着造成更严重的损失。随着人口持续增长，靠近海岸线的房子越来越多（预计 21 世纪将翻倍），人口特征的变革将会造成远大于前的损失，压过气候变化的影响。[37]

好消息是随着人们富起来，飓风的致命程度将减轻。贫穷的社区将受到飓风更大的影响，部分是因为穷人住在劣质的房子里，防御性低，部分是因为他们缺少重建的资金或保险。2019 年袭击巴哈马的飓风多利安对贫穷的海地移民造成的后果最为糟糕，他们居住的贫民窟“马德城”遭遇灭顶之灾。[38]

21 世纪，人类将越来越富有，更能在飓风中保护自己。根据《自然》上一项引用众多的研究，当下飓风造成的损失占全球 GDP 的 0.04%。到 2100 年，GDP 预计会增长五倍，提供更强的抗风险韧性。如果我们假设飓风的水平跟今天的一致——也就是气候没有丝毫变化，那么全球飓风损失将在 2100 年占到 GDP 的 0.01%。然而，如果我们使用联合国“飓风更强但更少”的预测，那全球损失将在 2100 年翻倍，达到 GDP 的 0.02%。[39]

所以，气候变化会导致未来的飓风更具杀伤力（占 GDP 的 0.02% 而不是 0.01%），但是因为世界富了很多，我们也更具韧性，对灾难的准备更充足，飓风造成的总体损失占 2100 年 GDP 的比例将*低于*当下所占的比例。

就未来而言，当务之急是确保生活在“马德城”这种贫民窟里最脆弱最贫穷的人能够脱贫。阻止全球最穷之人遭受飓风带来的痛苦损失，要靠经济增长，而非削减二氧化碳排放量。

因为靶心扩张效应，由极端天气造成的财产损失将急剧增加。但是极端天气正在给人类生活造成更大的损害吗？答案是一个响亮的“不”。

世界上最好的全球灾害数据库由比利时的研究者维护。该数据库包括每年因生物原因（如感染性疾病）、政治灾难以及地震、火山爆发、洪水等自然灾难死亡的人数。[40]

分析这些数据，我们能看到过去极端天气杀死的人要远多于今天。我们看看因干旱、洪水、风暴、野火和极端气温造成的与气候相关的死亡人数。因为这类死亡每年差异很大，我们就从 20 世纪 20 年代开始，以十年的平均数来计算。

在图 4.4 中我们可以看到，由气候相关灾难造成的死亡人数在 20 世纪陡降。20 世纪 20 年代，这些灾难每年杀死 50 万人，几乎都是发展中国家的大型洪灾和旱灾。如今，全球气候相关的死亡人数已经下降到每年少于 2 万人。在过去 100 年里，因气候灾难死亡的人数下降了 96%。同时你要记得，在同一时间段里，全球人口涨了四倍。所以死于气候灾难的平均*死亡*风险下降了 99%。

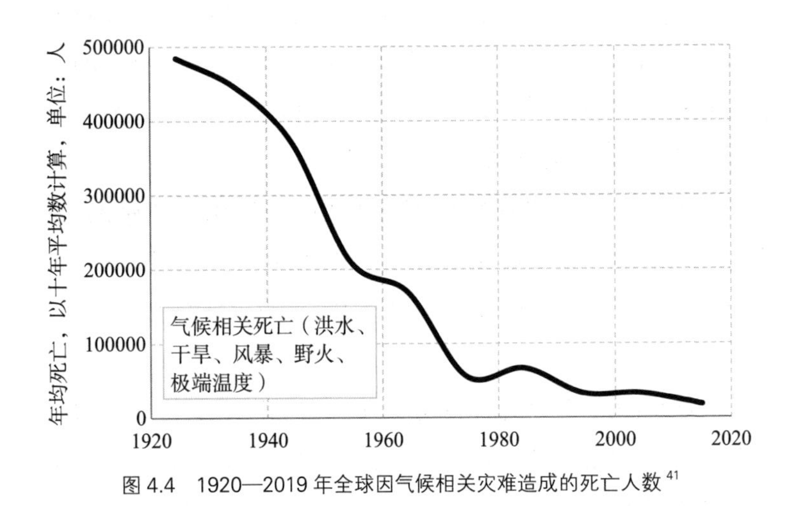

图 4.4　1920—2019 年全球因气候相关灾难造成的死亡人数[41]

死亡人数大量减少表明气候韧性大幅增加，这可能是由生活标准提高、贫困减少、预警系统改善和全球贸易增加（意味着干旱演变成大范围饥荒的概率变小）带来的。

除了人类伤亡，灾难中最重要的影响是经济损失：它抹掉了家庭的生计和财产，自然的一个举动便可改变和摧毁生命。我们常常听说的“十亿美元级灾难”正在变多。的确如《波士顿环球报》（*Boston Globe*）所警告的：“世界变暖，美国十亿美元级灾难增多。”[42]

是的，每年造成十亿乃至更多损失（通货膨胀调整后）的灾难数量正在增加，从 20 世纪 80 年代初的 3 个，上升到 21 世纪第二个十年后期的 15 个左右。但这一次还是因为靶心扩张效应。如今任何灾难都会造成更多损失，因为有更多的房屋、工厂、办公楼和基础设施可供摧毁。[43]

如果我们根据不断增长的经济体量作出相应调整，1980 年的十亿美元级灾难，在扩大了 2.3 倍的 2010 年美国经济中，将造成 23 亿美元的损失。一旦我们将此计算在内，就能发现毁灭性灾难的数量增长在统计学上并不显著。[44]

我们可以看看全球天气相关的灾难损失（见图 4.5）。我们只有 20 世纪 90 年代以后的高质量数据，尽管如此，依然可清晰看出过去 30 年里，全球的相关损失并未增长，反而是下降了，从 1990 年占全球 GDP 的 0.26% 到 2019 年的 0.18%。2019 年的一项新研究把主要气候灾害的种类分解开来，从洪水、暴洪、沿岸洪水到炎热和严寒，到干旱与大风。该研究发现，不论是发展中国家还是发达国家，与各类气候相关的灾害损失都是下降的，经济层面如此，死亡人数上更是如此。[45]

因此，不论是气候灾害影响的人口还是造成的相对财政损失，都因为气候变化而实质上下降了。我们无法用这些数据得出类似“气候灾害的数量没有增长”的结论（尽管正如我们所见，干旱、洪水、野火和飓风在全球范围内的增长很少乃至没有），但是这些数据告诉我们，对灾难的韧性的增强已经超过了灾难发生率的潜在增长。

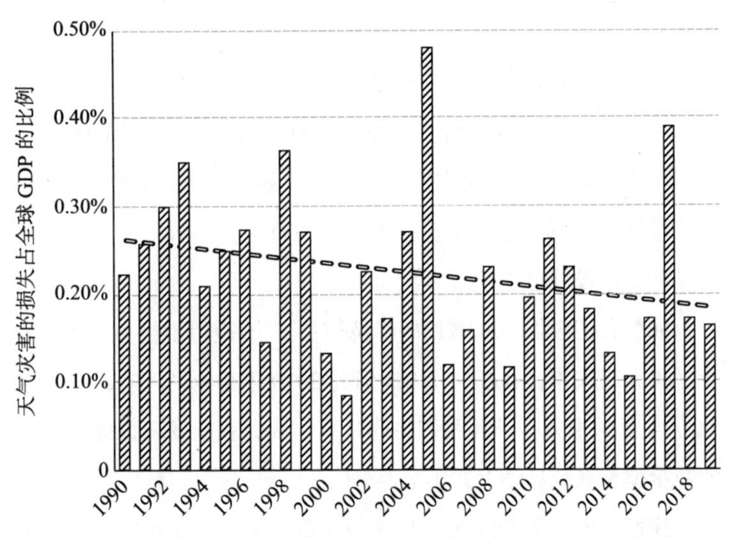

图 4.5　1990—2019 年全球气候相关灾难损失占全球 GDP 的比例[46]
虚线为最佳拟合线。

重要的是，这些灾难的总体经济影响是相对低的。就美国来说，从 2000 年开始，飓风造成了 0.19% 的 GDP 损失，洪水造成了 0.07% 的 GDP 损失——比美国人每年花在快餐上的钱还少。这是一大笔钱（美国人爱快餐），但即使全国范围内的损失加起来，也远不是能造成世界末日的总额。当然，对于个人或家庭来说，这些事件可能是灭顶之灾——我们在此讨论的，都没有否认这个事实。但是一百年前，洪水和飓风给美国社区造成的打击更具毁灭性。不论是美国，还是其他发达国家与发展中国家，就死亡人数和 GDP 占比而言，极端天气造成的伤害都在减少。[47]

第五章

全球变暖将给我们造成什么损失?

我们需要清晰地明白全球变暖会让世界损失什么，才能够保证我们做出应对措施。如果损失巨大，那么我们投入一切控制它就是合理的。如果它损失较小，那我们需要保证，治疗方案并不比疾病本身更糟。

2018 年，耶鲁大学的威廉·诺德豪斯（William Nordhaus）教授成为第一个（也是迄今唯一一个）被授予诺贝尔经济学奖的气候经济学家。他于 1991 年撰写的文章可以算得上第一批研究气候变化损失的论文，他在职业生涯中花费了大量精力研究此课题。他的研究启发了当今的大量研究。[1]

诺德豪斯教授这样的经济学家怎么估算未来气候变化造成的损失呢？他们从大量领域收集科学证据，估算气候变化造成的最重要最昂贵的影响，如对农业、林业、能源以及海平面高度等的影响。他们把这些经济信息输入电脑模型中，然后用模型来估算不同程度的二氧化碳排放量、温度、经济发展和适应措施条件下，气候变化造成的损失。这些模型经过数十年的检验和同行审议，不断精进着关于损失的预测。

其中许多模型也包括气候变化对水资源、风暴、生物多样性、心血管和呼吸道疾病、病媒传播疾病（如疟疾）、腹泻和移民的影响。有些人甚至把潜在的灾难性损失也囊括在内，如格陵兰岛冰盖快速融化造成的损失。这些都是为了说明，尽管任何未来预测模型都不完美，但它们非常全面。

看着致力于解决这一议题的众多研究，我们发现，气候变化的损失按占全球 GDP 的比例来看，是显著但温和的。

图 5.1 显示，最新的联合国气候小组报告中所有关于气候变化的估计，都更新了最新的研究成果。在横轴上，我们可以看到一系列温度上升。纵轴是用金钱衡量的影响：全球变暖的净影响转化成的全球 GDP 占比。影响通常是负面的，意味着全球变暖总体上会造成损失，或者说气候变暖是个问题。

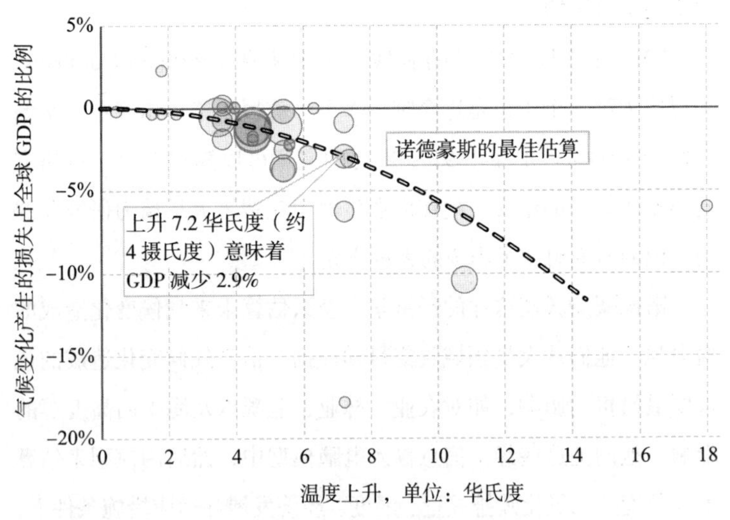

图 5.1 温度上升的影响 [2]

温度上升后产生的损失占全球 GDP 的比例，基于文献中 39 个发表的预测。圆圈越大表示研究质量越高。虚线是诺德豪斯的最佳估算。

现下，地球正在经历自工业革命以来略低于2华氏度，也就是约1.1摄氏度的全球温度涨幅。对照图5.1来看，2华氏度变化造成的全球净影响是好是坏尚不清楚；有三项研究显示存在些许负面影响，有一项则显示存在相当大的好处。随着温度增长越来越多，影响将越来越负面。数据中的虚线是指任意温度增长下GDP减少的最佳估计。[3]

我们应该专注于刚超过7华氏度（约3.9摄氏度）的温度上升，因为这可能是政府在不增加任何额外气候政策的情况下，21世纪末会出现的情形。2100年，若有4摄氏度的温度上升，则气候变化造成的负面影响等价于2.9%的全球GDP损失。

当然，要记住到21世纪末世界将富裕很多。即便气候变化也不会改变这一事实——我们依然要比现在富裕得多，只是比没有全球变暖情况下的富裕程度稍微低点。

此时，你可能会问：怎么可能是真的？鉴于媒体中这么多危言耸听的新闻报道，怎么可能全球顶尖气候经济学家发现相对不受限制的变暖只会造成不超过全球GDP 3%的损失？就贯穿气候辩论的末世论调而言，这看起来真是一个小数字。

在前面的章节里，我们已经了解，我们被灌输的大部分气候变化影响的观点都有误导性。这些影响是总损失的基石。如果我们允许合理的设想，即个人、社区、国家会采取合理措施适应温度增加的影响，那么气候变化的有害影响就变得相对较低。事实上，许多影响（比如全球层面上的飓风和极端天气）可能实质上造成更低而不是更高的相对损失。[4]

让我们聚焦在最重要的领域之一：农业。在过去一个世纪里，随着耕种养殖越来越高效，农业产出增长迅猛。全球来看，农产品的价值比 150 年前高出了 13 倍。现在的谷物产量是 1961 年的三倍多，涨幅超过了增长两倍多的人口，而且增长预计还将持续。[5]

但是全球变暖会招致农业上的真实损失与衰减。不像其他几乎所有领域，农业在天气变化方面尤其脆弱，因为大部分农业活动都必须在户外。温度上升和降水变化的模式影响着未来的农业，食物产量的增长将放缓。光看新闻标题，我们会觉得将迎来大规模减产："气候变化威胁欧洲农业的未来""气候变化或导致英国食物短缺""气候变化将影响澳大利亚的羊""气候变化或导致世界最大玉米产地大歉收""气候变化可能摧毁全球食物供给"。[6]

但是这些标题具有误导性。一项为联合国粮食及农业组织（FAO）做的大范围研究预测，到 21 世纪中叶，因气候变化减少的全球农作物产出只占当今产出的 1%。到 2080 年，在最糟糕的情况下，谷类作物（包括小麦、大米、玉米、大麦、燕麦、高粱和藜麦）的产量，只比没有气候变化的情况少 2.2%。所以谷物产量总体依然增加，只是比原本的增长量少点而已。联合国粮食及农业组织预计全球谷物产量在没有全球变暖的情况下会上涨 44%，而这项研究显示，受气候变化影响，增长会下降到 41%。[7]

所以，为什么新闻报道让我们产生了错误的想法呢？许多报道犯了两个根本性错误，扭曲了我们对损失的印象。

第一个错误是忽略了二氧化碳的施肥作用。二氧化碳是增强光合作用的肥料。这也是为什么职业菜农会把二氧化碳灌入种植了番茄、黄瓜和生菜的温室里。二氧化碳更多意味着植物更大、产量更高。在全球范围内，这一关联解释了为什么我们看到地球正在变绿。

许多研究忽略了二氧化碳的施肥作用是为了简化分析的流程，

这可能与研究背景有关，但如果新闻报道一直不考虑二氧化碳施肥作用，就会过度夸大气候变化对农业的负面影响。比如 2018 年的一项研究揭示，推行严苛的减碳政策，相比于什么都不做，能够提高 22% 的全球农作物产量。这是好的新闻素材，但只在我们忽略二氧化碳施肥作用的情况下才成立。事实上该研究显示，如果我们把它考虑进去，温度上升的负面作用就会被施肥作用抵消，所以严苛的减碳反而意味着*降低* 12% 的农作物产量。[8]

第二个错误是耸人听闻的报道忽视了适应措施的现实情况。多少代以来，农民都在适应气候，并且将持续适应下去。如果你假设当今温暖地带国家的麦农，在温度上升的情况下，仍然天真而机械地继续种植小麦，那么大减产就不可避免。但是在现实生活中，在接下来的 80 年里，农民及其子孙后代会开始尝试更早地播种，用不同的小麦品种应对气候，并最终完全换成耕种更适应炎热天气的农作物。

与此同时，越来越多的小麦种植将发生在更北方更低温的地区。一项研究显示，当研究者没有考虑采取类似的适应性措施，他们对产量的预测就将过于悲观，会出现 15% 的差额。[9]

所以，如果我们考虑到这些错误，气候变化对农业造成的总损失是什么呢？有一项基于种植了 10 种最重要农作物的 170 万块农田的大型研究，调查了气候对 GDP 的总影响。这项 2016 年的研究利用了这么多农田的不同之处，准确地分析了温度变化如何改变产出、促进适应措施。该研究同样也考虑到了二氧化碳的施肥作用。更为关键的是，该研究还包括了将降低气候变化影响的农业贸易，因为高纬度地区会生产更多的食物且会出口到低纬度地区。[10]

这项全面的研究得出结论，到 21 世纪末，全球农业的平均总损失将占到GDP的0.26%。尽管我们将为世界生产更多的食物，全球变暖意味着我们必须用更多的举措、更多的贸易来促进生产，总体上我们的富裕程度降低，损失大概占到全球GDP的0.26%。事实上，这是温度上升到非常高的最糟糕情形；如果是不那么极端的变暖，损失会很接近于0。研究者探索的11种情形中，有3种实际上会提升0.15%的GDP。[11]

这类研究并不会成为那种“坏事传千里”的“好”新闻，但从中我们可以很好地了解整个问题的规模。

气候变化对农业的影响微乎其微，原因之一是农业不再是世界经济的重头了。在当今的发达国家里，农业占经济的比重越来越小。1800年，美国农业雇用了约80%的劳动力，占超过一半的经济产值；如今，美国农业只雇用了1.3%的人，占1%的经济产值。随着国家变富，越来越少的劳动力生产越来越多的食物，而其他人生产其他物品和服务。即使在21世纪往后，我们不得不使用明显更多的资源来种植同样数量的粮食，农业也依然只占经济非常小的一部分。[12]

发展中国家也在经历跟发达国家一样的转变。1991年，中低收入国家超过一半的劳动力从事农业，农业产出占经济产值的18%。如今，只有三分之一的劳动力从事农业生产，却生产了远多于之前的食物，但是因为经济整体上增长了更多，农业产出只占经济产值的8%。[13]

到21世纪末，气候造成的农业损失只占GDP的0.26%，因为其影响的经济领域越来越小。这也解释了为何所有领域气候的总影响只占全球GDP的不到3%，诺德豪斯和其他人的研究都表明了这一点。

此时你自然就会发问，会不会有研究者没想到的可怕情形呢？如我们所见，经济学家非常具体地研究了众多不同的气候影响。当然，我们觉得还有什么没考虑到也合情合理。因为任何损失模型，即便是最成熟的，也不可能囊括所有可能的气候影响。但经得起推敲的是，最可能受到最惨重损害的领域已经得到了研究和建模，不过可能也仍有所疏忽，导致估算太低。

所以，为了弥补任何被忽略的损害，诺德豪斯给每一种损害增加了 25%，用以填补可能被忽略的损害（见图 5.2）。尽管增加的数字与用到了它们的其他研究保持一致，但依然是某种个人判断，因为其本质是在给未经分析的东西贴上量化数据的标签。[14]

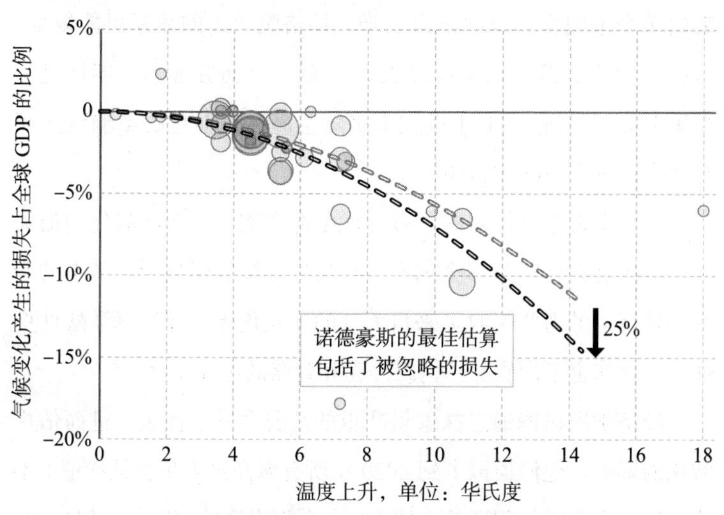

图 5.2　温度上升造成的量化影响[15]

与图 5.1 相同，显示了特定温度上升的影响，以 GDP 占比表示。为了反映未量化的损失，调整后的最佳估算增加了 25% 的损失。

算上这些额外损失，到 21 世纪末气温增长 7.2 华氏度就意味着全球 GDP 减少约 4%（实际是 3.64%，但我们就四舍五入成 4%

吧）。如果不算额外损失的话，减少的数值是 2.9%。

不过，这种估算有多可信呢？有没有可能还存在一些损失极其惨重的大型灾难潜伏在黑暗中呢？

可能没有。

人们常常提起的一种可能发生的灾难是，格陵兰岛冰盖完全融化。如果在我们的有生之年发生了这种事，自然是重大灾难。然而，联合国气候小组发现，即便非常热，也要至少一千年的时间融化格陵兰岛的所有冰。研究表明，即使没有气候政策，60%—70% 的格陵兰冰盖在大约一千年后依然存在。如果在接下来的多个世纪里，温度再次下降，那格陵兰岛的冰还可能复增。这就是为什么诺德豪斯教授 2019 年的一项研究显示，即使是最严重的高温情况，到 21 世纪末格陵兰岛冰盖融化的影响依然相对微小，只占 GDP 的 0.012%。[16]

另一个常常被提起的严肃担忧是海洋酸化。海洋酸化的损失并没有出现在任何估算全球变暖损失的计算机模型中。基本的问题是地球上的海洋吸收了来自大气的二氧化碳，导致海洋酸性更强。酸化伤害了用碳酸钙构筑外壳和骨骼的海洋生物。[17]

经济学家试图通过探索最严重的情况会发生什么，进而估算酸化的影响。他们模拟了到 2020 年所有海洋野生鱼类捕捞业（不论是针对商业或休闲还是个体渔民）全部崩溃的情况。不仅如此，他们还设想了珊瑚礁旅游和休闲业全部归零的情况。[18]

这一情形听起来是毁灭性的，不过并不是鱼类消费的末日。记住，全球鱼类总价值中的三分之二已经来自水产养殖，日益增加的酸化对此造成的影响几乎为零。但是，海洋渔业、个体渔业再加上全部珊瑚礁旅游和休闲业的消失显然意义重大。研究者估计，到2200年，在这种全部崩溃的情况下，最严重的损失是3010亿美元。以对经济增长的中庸的估算，到时候会失去0.0075%的GDP。

需要牢记，我们使用的是诺德豪斯的估算，他已经多加了25%的显著缓冲用以囊括任何未计算在内的大型损失。这让我们在增长7.2华氏度的情况下，将全球预估损失从占GDP的2.9%上涨到占3.64%，相差0.74%。显然，这一增长远比格陵兰岛冰盖的融化和因酸化导致的海洋渔业及珊瑚礁旅游业全部崩溃造成的一个世纪的总损失要高得多。而25%的缓冲也足以抵消其他可能被忽略的众多损失。事实上，这一缓冲可能会产生一百种不同影响，每一种的最严重情况都跟2200年海洋渔业和珊瑚礁旅游业全部消失的损失一样大。

我们了解了联合国对不同温度下气候变化造成的损失的概述，运用了诺德豪斯教授的最佳估算，并给损失加了25%。借此我们对到2100年气候变化的总损失做了现有的最佳估算：约占GDP的4%。这次估算实际上比2018年联合国气候小组报告提供的估算值更大。大家都以该报告为据，称我们要在2030年之前用行动阻止气候变化。据这份报告估计，如果我们袖手旁观，全球变暖的损失将在2100年达到全球GDP的2.6%①。[19]

---

① 不论是联合国气候小组的报告还是诺德豪斯的估算，都没有完全把当我们越变越富时脆弱性就越来越少这一事实考虑进去。一个好例子是，随着收入增加到特定水平，疟疾就被消灭了，因为社会有钱大力投资预防措施。届时不论温度是否增长，疟疾都不再是威胁，富裕的新加坡即是一例。这表明2.6%和4%（如果我们把25%的缓冲算进去）是高估而不是低估了。——作者注

许多气候活动家在受到此气候变化损失的经济学共识挑战时，常常愤怒地宣称“真实的损失”肯定高得多。但是，当你检验他们的论据时，会发现他们总是忽略了适应措施、二氧化碳施肥作用、靶心扩张效应及其他我们在本章和前文探讨过的众多因素。[20]

经济学家的工作是全面的，尤其是诺德豪斯教授，获诺贝尔经济学奖当之无愧。但是显而易见，预测未来因气候灾害导致损失的准确数字是不可能的。最重要的是，2100 年的损失可能是占 GDP 的 3.5%、4.0% 或 4.5%，但不太可能是 0.01% 或 45%。

在接下来的章节里，我们将采用 4% 作为指导数据，对比实施气候政策后的损失与气候变化直接导致的损失。

第三部分

如何不解决气候变化

第六章

你无法解决气候变化

全球各地，善意的人们为了减少二氧化碳排放改变了很多生活习惯。个人和公司每年花费上亿美元在“碳抵消”（carbon offsets）等措施上。政府通过规范和补贴，耗费纳税人每年数千亿美元鼓励使用当今的替代能源技术。很快，我们就会每年花费数万亿乃至数十万亿美元，让现代经济向绿色能源型转型。

但是，这些措施都在宣告失败。如果气候政策奏效，那么每一种能源使用过程中单位能源所产生的二氧化碳排放量，即所谓的碳强度（carbon intensity），应该是下降的。但现实并不是。

尽管开了数十次气候峰会，尽管在京都和巴黎达成了全球气候协议，自从 1992 年里约热内卢地球峰会上诸国承诺遏制气候变化，碳强度一直在*增长*。碳强度目前是历史新高。[1]

不仅单位能源排放了更多的二氧化碳，世界也使用了越来越多的能源。结果就是，总的碳排放量一直在上升。从 1992 年开始，人类排放的二氧化碳多于此前的历史总和。随着越来越多的发展中国家走出贫困，排放量在未来数十年里还将可能继续上升。[2]

过去十年对气候变化的关注达到了空前的程度。尽管如此，我们也没有实现什么成果。在一次对气候政策意外诚实的回顾中，联合国揭示，过去十年的气候政策压根什么也没实现。[3]

显然，当前针对气候变化的政策并不奏效。但在我们讨论该做什么之前，首先需要了解为什么我们会失败。在接下来的五章里，我们将探讨为什么当前的措施没有效果。我们以气候行动主义第一大迷思入手：个人能够起非凡的作用。

如果你担心全球变暖——不过说真的，谁不担心呢——你自知应该回收利用垃圾，少吃点肉（或压根不吃），多乘坐公共交通少开车，用可回收袋子装杂货。正如《蓝色星球》（*Blue Planet*）主持人大卫·爱登堡（David Attenborough）所言，这个星球上的七十亿居民中的每一个都“必须尽其所能”对抗全球变暖，采取“简单的日常行动”。[4]

我们生活在这样的世界里：哈里王子和萨塞克斯公爵夫人梅根因乘坐私人飞机而饱受斥责，而瑞典活动家格蕾塔·通贝里（Greta Thunberg）因为乘坐风能和太阳能客船从欧洲前往纽约参加气候会议而得到夸赞。（她后来成为新闻嘲弄的对象，这趟旅程实际上增加了碳排放，因为乘务人员需要飞往纽约把船开回来。）私事也变得高度政治化了。人们担心气候变化，想帮助解决它。意图是高尚的，问题是，改变个人生活方式和习惯，收效甚微。

在被问到应该采取什么个人行动阻止全球变暖的时候，大卫·爱登堡曾经说在不用的时候拔掉手机充电器。逻辑合乎情理：此举能省电，而电大多数是化石燃料转化的。但是即使他坚持一整年，每年也只能减少约 3.46 公斤的二氧化碳排放量，是每个英国人年均排放量千分之一的一半还不到。如果目标是减少由一部手机造成的碳排放，专注于如此微小的个人行动，意味着我们将错失大局。充电占手机运转所需能源的不到 1%。其他 99% 来自手机制造工厂、运营数据中心和信号塔。[5]

每年 3.16 公斤的二氧化碳排放量令人难以理解。了解不同的削减效应是什么规模，一个简单的方式是使用碳交易系统。区域温室气体减排行动（RGGI）是一个覆盖了美国东北部的碳交易市场。它是全球众多碳交易市场之一，是美国首个也是最大的一个。[6]

区域温室气体减排行动给所在区域靠化石燃料供能的发电厂的二氧化碳排放量设了限制，然后允许买卖排放额度。购买 1 吨二氧化碳排放额度的价格大概是 6 美元。如果你买了 1 吨额度，意味着别的发电厂能买的就少了 1 吨。如果你不使用该额度，就意味着所有发电站需要在下一年里想办法少排放 1 吨。本质上来说，就是你花了 6 美元，削减了 1 吨全球碳排放量。

区域温室气体减排行动让个人行动有了参考维度。比如说，借此我们可以了解爱登堡的行动所能产生的影响的规模。削减 3.16 公斤二氧化碳排放量在区域温室气体减排行动中等于花了不到 2 美分。爱登堡还不如把 2 美分以气候的名义捐出去。

不幸的是，为减少排放而能采取的绝大多数个人行动——当然是指所有不完全干扰日常生活就能实现的那种——实际都收效甚微。即便是*我们所有人*都去做也是如此。已故的英国前首席气候科学顾问大卫·麦凯（David MacKay）曾经这样描述减碳举措：“不要被*每件小事都有用*的迷思给干扰了，*如果每个人都干小事，我们能实现的也只是小事*。”[7]

当我们试图减少个人的排放，会出现三大挑战。第一大挑战正如我们在爱登堡的手机案例中所见，就是减少的量普遍很小。第二大挑战是我们几乎总是省钱。这之所以是问题，原因在于一种叫作“反弹效应”（rebound effect）的常见现象。当我们因更节能而省钱，就一定会把省下来的钱花在其他导致排放量更多的事情上。

我们以减少食物浪费为例。理论上，如果我们减少购买的食物，生产的食物也就变少，因而农业碳排放也会减少。虽然它也给我们带来省钱的快乐，问题是，我们会把钱花在其他事情上，其中许多花费造成更多排放，比如多度一次假。在一项2018年的研究中，挪威研究者发现，现实中人们将通过减少食物浪费节省下来的钱花在了造成更多二氧化碳排放的物品上，以至于节约的二氧化碳排放量完全被抵消了。[8]

在许多情况下，反弹效应并不会抹掉全部努力，比如说共享用车确实可以减少排放，节省的成本只会导致32%的减排丢失。不过有时候，反弹效应让我们整体上更糟糕了。比如，用走路取代坐火车意味着我们排放了多得多的二氧化碳，因为火车并不是排放大户，而我们省了很多钱花在别的东西上。研究者在研究诸多活动的反弹效应时发现，整体来说，估计59%因“善”举而节省的排放都在反弹效应中丢失了。[9]

出于环境原因而限制自己行为的第三大问题是，在生活的诸多领域，我们做了“好”事之后，就会奖励自己做些“坏”事。这种倾向被称为“道德许可”（moral licensing）。苦于节食的人对此行为模式或许不陌生。如果你节食有了良好成效，你就比那些节食尚未成功的人更可能选择把巧克力棒而不是苹果当零食。这一效应在环境友好的行为中多有体现。刚刚向慈善机构捐过款的人，在之后的环境友好行为中表现得更差。参加过一场环保宣传活动后减少用水的人，会使用更多的电。一项关于购物行为的研究显示，消费者购买越多的节能灯泡，用更多的环保袋子或更多地循环使用自己的购物袋，他们就越可能在每周购物中购买肉类和瓶装水。[10]

我曾经受邀参加与某位政客和一名被英国广播公司（BBC）称为“有德之人”（Ethical Man）的记者的辩论。这个记者花了12个月的时间记录自己和家人如何削减二氧化碳排放。他给自己家安装了隔热层，卖掉了汽车，戒掉肉类，甚至还研究了生态安葬（不过他家里没人去世）。总之，他设法削减了20%的碳排放，付出了很高的个人和金钱代价。这位“有德之人”最让我感到惊奇的是，他在一年的奋斗之后，为了庆祝，给全家人买了去南美洲的机票，把一家人省下来的二氧化碳排放量都消耗了。[11]

素食主义已经成了气候战争中的一个主要议题。关心环境就应该少吃肉的观念在西方业已盛行，而且素食主义还处在上升的势头。全球气候活动家、联合国气候变化机构前负责人克利斯蒂安娜·菲格雷斯（Christiana Figueres）甚至建议：“未来10到15年，餐馆开始用对待烟民的方式对待食肉者怎么样？如果他们想吃肉，可以去餐馆外面吃。”[12]

我自11岁开始就因为伦理的原因吃素，我坚信是否吃肉取决于每个人自己的想法。但我们应诚实地面对吃素能实现什么，尤其在考虑到吃素实际上相当困难时，就更该如此了。美国一项大型调查显示，84%决定成为素食者的人最后都失败了，其中多数一年内就投降了。[13]

当然，在全球层面，劝告大家成为素食者是冷漠的种族中心主义行为。现在全球有 15 亿素食者，但只有 7500 万像我这样的主动素食者。大多数素食者是因为吃不起肉，等到他们脱贫，吃的肉会越来越多。[14]

但如果你真的不再吃肉，又会实现什么呢？提倡“气候友好型饮食”的活动家致力于精心挑选食素的影响的细枝末节让其效果显得卓著。许多盲从的媒体称从饮食中去除肉类可以减少个人碳排放的 50% 甚至更多。这是巨大的数字，但是也极具误导性。这种级别的削减只有完全严格的素食主义者才能实现。这意味着要避免所有动物制品，不仅包括肉还有牛奶、鸡蛋、蜂蜜、禽类、海鲜、皮草、皮革、羊毛、胶制品。有的新闻机构称素食者能实现该数字的一半。[15]

不论如何，这些数字都被极大地夸张了：严格的素食主义者并没有减少 50% 的个人排放，素食者也没有减少 20%—35% 的排放。他们只能减少*食物相关*的排放，而食物相关的排放只占个人总排放的一小部分。[16]

一项全面而系统的分析显示，饮食中去除肉类每年将削减个人碳排放量约 540 公斤。对于工业化国家的人均碳排放量来说，这意味着只减少了 4.3% 的排放量。[17]

数字已经从宣称的 50% 一路削减到少于 50% 的十分之一。但结果不止如此，因为我们还需要考虑反弹效应。素食者的饮食稍微便宜些：在美国，素食者能节省其食物预算的约 7%，在瑞典大概是 10%，在英国是 15%。把多出来的钱花在其他物品和服务上，意味着反弹效应可能会抵消掉吃素减少的二氧化碳的大概一半。[18]

所以如果你生活在发达国家，从现在开始完全吃素将减少个人总排放量的大概 2%。你随便吃什么，然后每年向区域温室气体减排行动交易系统交 1.5 美元，也能达到类似的效果。[19]

通过放弃吃肉或拔掉手机拯救世界，是被彻头彻尾地误导了，也让我们无法专心去做大有裨益的事情。如果我们想提高食物供给的碳效率，一个明显可行的方法是更多地投入人造肉的研发。如果人造肉跟真肉一样好（有人说已经达到了），就有很大机会减少排放量。人造肉比传统肉产生的温室气体少 96%。完美的肉替代品显然是一场胜利，因为人们不用放弃自己喜欢的东西了。人们可以继续享用“肉”，但排放量只有 4%。而我也能再次吃到汉堡了。[20]

电动汽车被视为另一个减少碳排放的好方式。但是大多数司机不愿意换成电动汽车，因为电动汽车贵得多，而且会因为充电导致“里程焦虑”——“我能开到下一个充电站吗？”这是为什么在美国以及全球，对电动汽车的大量补贴是常态。政府一旦取消补助，其销售量就快速下滑，比如在丹麦。

唉，把你现有的汽车替换成电动汽车并不会大量减少排放。国际能源署（IEA）比较了标准的燃油车和电动汽车。燃油车在十年时间里排放 34 吨二氧化碳，包括其生产和处理过程中的排放。乍看上去，电动汽车似乎可以消灭所有排放，电动汽车也是以“零排放”作为卖点的，但它实际只在驾驶的时候才是零排放。[21]

在世界上很多地方，电动汽车依赖的电大多是由化石燃料生产的。其生产实际上也比燃油车*更*耗能源，尤其是电池。因为电动汽车生产也常常靠化石燃料，事实上电动汽车在其生命周期里会有很多的二氧化碳排放。全球范围里，一辆里程适中的电动汽车在其生命周期内平均要排放 26 吨二氧化碳。所以，从排放 34 吨二氧化碳的燃油车换成排放 26 吨的电动汽车，并不会抹掉碳排放；这只会减少约 24%，还剩超过三分之二的量。[22]

当然，碳排放并不是开车对环境造成的唯一损害。开车造成很多问题，比如噪声污染、致命事故。据研究显示，欧美最新估计的开车导致的所有损害成本，是平均每驾驶 1 英里（约 1.6 千米），就产生 20 美分成本。

注意，气候损害只是总损害的一小部分。当然，电动汽车在这个维度上比传统车要稍好。电动汽车制造的噪声也较少，占到驾驶总损失的 5%。

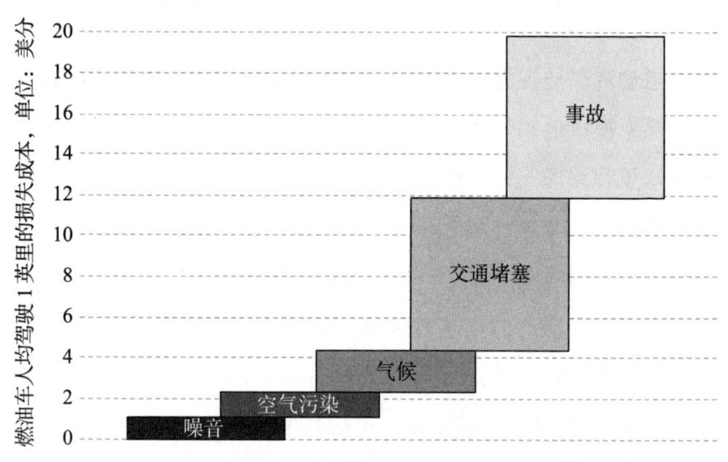

图 6.1　燃油车人均驾驶 1 英里造成的损失成本[23]

注意气候影响可能被高度夸大。

在所有的损害成本中，空气污染的影响占到了 6%。令人惊奇的是，更多的电动汽车意味着更严重的空气污染。如果你和挪威一样有充足的电力资源，用电能取代汽油可提高空气质量，但在包括美国部分区域在内的煤电主导地区，电动汽车越多，空气污染也更多。[24]

全世界最大的电动汽车市场中国，因为煤电发电厂太多，电动汽车恶化了当地空气。据估计，在上海，每年新增的一百万辆电动汽车造成的污染是额外百万辆燃油车的将近三倍。[25]

但是污染并不是汽车造成的最显著损害。汽车造成的损害中，80% 来自事故和拥堵。这些后果，跟司机开的是特斯拉还是宝马无关。也就是说，购买或补助电动汽车并无益于解决汽车造成的最大社会问题，从气候的角度来说，也显然不是好投资。看看我们付出的成本。全球对电动汽车的平均补助是每辆 1 万美元，每辆车在其使用年限里少排放 8 吨二氧化碳，在区域温室气体减排行动市场上你只需要 48 美元就能买到同样的排放量。[26]

而且其影响也是微弱的。国际能源署希望我们到 2030 年能达到 1.3 亿辆电动汽车投入使用的状态，鉴于我们花了几十年时间、数十亿美元补助才勉强达到 500 万辆，这一预期着实惊人。即便我们能做到，到 2030 年也仅仅只是削减全球排放的 0.4%。电动汽车是我们未来解决交通需求的方案之一，但并不会解决气候变化。[27]

航空业成为了气候战争的另一大战场。因为航空旅行的巨大碳足迹，气候团体日渐迫使我们产生“飞行羞耻”——因飞行造成的碳排放而产生愧疚。[28]

这是一场令人担忧的运动。近几十年来，航空旅行大大普及。曾经在很长时间内，坐飞机都是大富大贵之人的专属，现在发达国家的大多数人都有机会坐飞机，但是地球上大部分人从来没坐过飞机——根据波音的数据，至少是 80%。在约有 1.5 亿人处于贫困的印度，只有 2% 的人曾经坐过飞机。[29]

坐飞机也不只是为了休闲，它还促进了专业和劳动的流动，为我们解决医学紧急情况，为灾害提供救援，帮助我们学习其他文化，把我们和所爱之人维系在一起。即使我们愿意牺牲这一切，放弃乘坐飞机，也不会对气候造成我们设想的巨大影响。即使今年登上飞机的 45 亿人全都不坐飞机，形势到 2100 年也不变，温度上涨只会减少 0.029 摄氏度，相当于到 2100 年对气候变化的延迟只有不到 1 年。[30]

此外，在个人层面会产生巨大的反弹效应。研究者发现，取消个人假期航班带来的气候变化的好处，22% 都会被抵消，因为节省下来的钱用在了其他造成排放的活动上。取消工作航班的反弹效应则是 159%，这意味着气候影响实际上随着航班取消而*增加*了。商务舱的反弹效应造成了更巨大的影响，因为尽管商务舱的碳足迹只是稍高，但票价贵得多。想为了减少排放而乘船？对不起，有证据表明，乘船比坐飞机对环境的损害更大。[31]

与其告诉人们不要坐飞机，我们应该专注飞机的碳效率。应对措施已经在生效：在燃料效率上，每一代飞机都比取代的型号平均提高 20%。未来十年，航空公司将在新飞机上投资 1.3 万亿美元。[32]

制造更好的可持续燃料的研究也在推进中，其中包括用家庭和工业废料制造燃料。可持续燃料的碳足迹总量将比如今的航空燃料少 80%，2008 年已开始测试在商业飞机上使用类似燃料。[33]

航空公司在探索空气动力学机翼、更先进更轻巧的飞机构造、更高效的引擎、新飞机布局等技术上也花了数十亿美元。据代表航空公司的国际航空运输协会（International Air Transport

Association）估计，更好的路线管理能够减少 10% 的二氧化碳排放。以社会名义，在促进碳中和航班研发上每多投入 1 美元，对解决气候变化而言，都比我们少数人因错位的羞耻感而试图减少航班次数更有意义、更有效。[34]

为了环境我们还应该放弃什么？当然是孩子！

一帮活动家、科学家和记者建议，为了地球母亲，人们应该停止繁衍。《卫报》为读者提出建议："想要对抗气候变化？少生孩子吧。"《纽约时报》警告生孩子是最糟糕的损害环境的举动。该报称，假设一名美国女性生两个孩子，她造成的损害是换一辆低能耗汽车、开车时间更少、循环使用物品、安装节能灯泡和节能窗户等"行动节省下来的碳排放量的近 40 倍"。[35]

类似的规劝屡见不鲜。20 世纪 70 年代，美国活动家建立了全国非父母者组织（National Organization for Non–Parents），宣扬不生孩子乃"政治上负责"的选择，因为他们相信世界正在因为环境破坏而崩塌。[36]

我认为这是一个道德败坏且令人反感的论点：环保主义者无权告诉人们不应该成为父母。而且，他们的计算压根没有道理。

在生孩子对气候影响的相关研究中，问题出在它们所基于的非常奇怪的衡量方式上。引用最多的研究论文发表于 2009 年，该文衡量孩子对气候影响的方式是，每对父母都为孩子一生的预估排放量的一半负责。到目前为止，研究中仍沿袭这个计算方法。不止于此，父母不仅要为孩子排放量的一半负责，还要为其孙辈排放量的四分之一、重孙辈的八分之一负责，以此类推。更有甚者，研究者估算孩子一生中每人每年都要排放 20 吨二氧化碳。[37]

这是一个非常怪异的方法。首先，美国未来几十年预计的排放量是用陈旧且过高的排放速率推算的，而它已经下降了 20%。而且，根据官方的预计，实际上在 2050 年之前，人均排放量每年将进一步减少 0.5%（研究产生了回报，越来越多的日常活动变得更节碳）。但最大的问题是，把未来世代*所有*的排放都归咎于父母，着实荒唐。用这种衡量方式，我们从事狩猎采集的祖先比当下任何一个亿万富翁对地球的影响都严重得多。[38]

用合理的维度衡量，生孩子意味着承担把新生儿带到世界的责任，这个新生儿将会生产 90 年的二氧化碳。你的孩子长大后，不论是生孩子还是不生孩子，都是*他*自己的选择。因此，生孩子的总影响最坏也就是在 90 年的时间里每年生产 15 吨二氧化碳，总计也就是 1350 吨。如果你对生孩子感到愧疚，你*可以*从区域温室气体减排行动交易系统购买价值 8100 美元的授权量，当作补偿。

不要生育这种不着边际的减排方式实际上荒谬之极。对于绝大多数人来说，孩子给人生增添了意义和幸福。孩子给我们带来各种损失：睡眠缺少、情感冲突、大学学费以及，没错，碳排放。但是人们依然在生孩子，因为益处远远大于损失。[39]

下一次你读到有关“该”采取什么行动来帮助地球的时候，想想它是否又是“如果人人付出一点点，我们就能实现一点点”的案例。真相是，我们的多数个人行动都影响甚微。

澄清一下：我不是说你不应该认真考虑个人抉择。对于为什么我们选择改变饮食习惯或开更小的车以减少我们留在地球上的碳足迹，其背后有充分的理由。但是气候变化不应该是主要考量，因为此类选择收效太小。

与我们的愿望相距甚远，个人举动并不会解决气候变化。所以，接下来我们转向真正*有可能*发挥重大作用的政府举措吧：减碳政策和国际协议。为什么这些举措也不管用呢？

第七章

为什么绿色革命尚未到来

早在 1976 年，一位至今仍在气候领域享有话语权的赫赫有名的环保活动家自信地宣称，完全基于太阳能的经济体“现在是有利可图或接近有利可图的”。当时他错了，四十年后，他仍然是错的。全球政府每年耗资 1400 亿美元补助低效的太阳能和风能。但尽管开销如此巨大，可再生能源加起来也只大概提供全球所需能源的 1%。[1]

所以，为什么绿色能源革命还没发生呢？因为没有突破性创新，可再生能源依然极其昂贵。

化石燃料已经支撑了人类两百多年的发展，为我们提供了便宜可靠的能源，二氧化碳排放是其副产品。在数十年内终结我们对化石能源的依赖会造成数以万亿美元计的损失。多数畏于此价格的发达国家都会面临选民的倒戈。相反，他们选择花数以千亿计的美元补贴太阳能和风能，但收效甚微。发展中国家则没有那么多钱可供挥霍。对他们来说，从化石燃料中获取*更多*能源则诱人得多。[2]

因此，尽管地球上所有人都在讨论可再生能源，但少有实质性内容。

我们一直被告知，太阳能、风能等可再生能源即将统治世界。这几乎算是一厢情愿。最杰出的气候活动家之一吉姆·汉森（Jim Hansen）所言甚是："认为可再生能源会让我们快速减少美国、中国、印度或全世界的化石燃料使用，几乎就相当于相信复活节兔子和牙仙存在一样。"记住，汉森博士可是 1988 年在美国国会作证时引发公众关注全球变暖问题的气候科学家，他也是前副总统阿尔·戈尔的气候顾问。[3]

大多数人讨论的可再生能源，一般都是指太阳能和风能。这些都是"新"可再生能源。但是全球范围来讲，85% 的可再生能源来自木材和水，也就是我们所说的"旧"可再生能源。旧能源的好处是*在我们需要的时候*就能立刻提供能源。相反，太阳能和风能不是想用就用。尽管噱头越来越大，但不合时宜的真相是，它们只能在太阳照耀或者有风吹拂的时候产生。这是为什么太阳能和风能只能在以化石燃料等可靠能源为基础的情况下，作为小型补充能源。[4]

如果我们想大规模提升太阳能和风能的使用，就必须增加备用能源，比如由化石燃料驱动的闲置燃气涡轮机（没出太阳或者不刮风的时候可以打开），或者电池（可以储存能量）。二者都显著地增加了太阳能和风能的成本。

太阳能工作所需的庞大电池存储能力被大大低估了：如今，美国全国的电池只够存储供全国人使用 14 秒的电能。[5]

这些基本的经济和技术挑战就是当今世界上所有大国中可再生能源都只占能源消耗一角的原因。如果你看一下美国所有可再生电力来源分布就一清二楚了。

2018 年，风能只生产了美国不到 7% 的电力，太阳能不到 2%。

可再生能源总共生产了 17% 的美国电力，但其中大多数来自旧可再生能源，主要是产出稳定的水能产生的电力。

电本身只占了美国所用能源的一部分，此外还有工业生产、建筑物供暖、各种车辆驾驶等能源使用。如果算上所有能源使用，2018 年美国风能只占到总能源的 2.5%，而太阳能只有大概 0.5%。几乎三分之二的美国可再生能源仍然来自木材和水。

正如我们在图 7.1 中所见，过去一个世纪，美国可再生能源的分布从占所有能源的将近四分之一下降到只比 5% 多一点点。自 2000 年以来，主要出于对气候变化的担忧，可再生能源使用比例从不足 10% 上涨到大概 11%，根据政府的最新官方估算，预计到 21 世纪中叶，可再生能源占到美国所有能源使用的将近 16%（与上一次奥巴马政府于 2017 年预测的 16.5% 几乎一致）。[6]

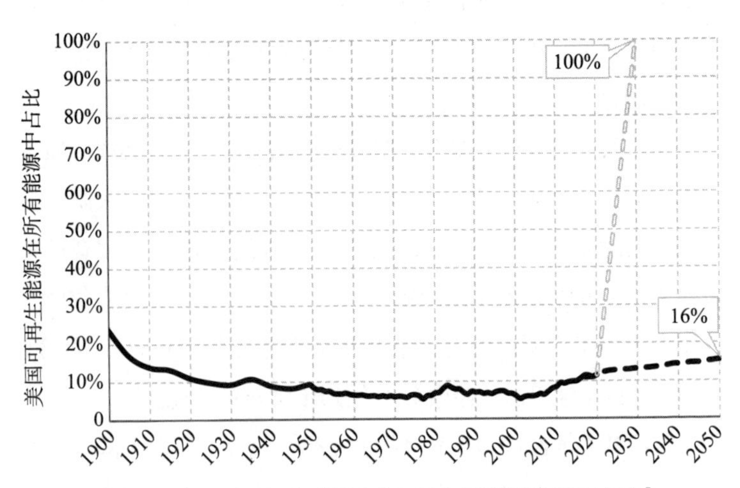

图 7.1　1900—2050 年美国来自可再生能源的能源使用占比[7]

不只是电力。几乎垂直的那条线表示，到 2030 年所有能源将快速转变成 100% 的新能源。

我们需要坦诚：2050 年占到美国总能源的 16% 并不意味着可再生能源就代替化石燃料了。这个占比实际上比 1900 年美国可再生能源占比还少。而即使到 2050 年，太阳能和风能也预计占 16% 中的不到一半（分别是 4% 和 3%），其中大多数还是来自可靠的旧可再生资源木材和水。

听到政客发誓 2030 年或 2050 年要实现“100% 可再生能源”的时候，不妨看看图 7.1。我们可以称之为“独角鲸图”——它表明这种观点跟历史现实和常识背道而驰。

美国的经验折射出全球的趋势。如今，太阳能板和风力涡轮机加起来也只提供了全球能源的 1.1%。国际能源署估计，即便到 2040 年，太阳能和风能也只能满足全球能源需求的不到 5%。[8]

令人震惊的事实是，人类刚刚花了两个世纪的时间*摆脱*可再生能源，替换成化石燃料（见图 7.2）。大家都穷的时候，整个世界都使用有污染的可再生能源（比如木材和粪便）烹饪和取暖。过去一个半世纪，我们摆脱了对可再生能源的依赖，用化石燃料驱动了工业革命。在过去的五十年，全球可再生能源使用率一直维持在 13%—14% 的水平。这反映了全球最穷困之人仍然依赖木材和粪便。

的确，如果展望 2040 或 2050 年，我们会发现，全球可再生能源不大可能占到能源需求的 20%。2050 年我们的可再生能源占比可能依然低于 1950 年的水平。认为我们到 2030 年或 2050 年能实现 100% 使用可再生能源纯粹是天方夜谭。

在发展中国家，用风能、太阳能等新可再生能源替代化石燃料是有难度的，因为大多数人都迫切地想用低价获取*更多*能源，而不是高价获得不稳定的能源。

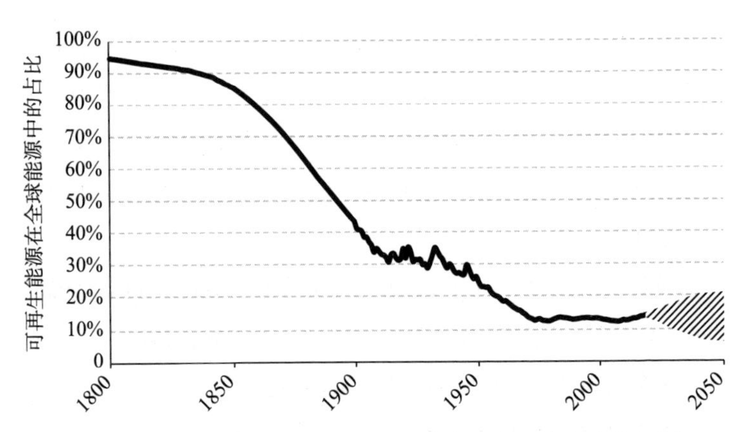

图 7.2　1800—2050 年间，可再生能源在全球总能源使用中的占比[9]

1800—2018 年的数据为实际数据。虚线的漏斗表明了国际能源署和联合国的预测走势。

半个世纪前，普通中国人可用的电力少于当今最穷的非洲人。自那之后，随着快速工业化和煤电的使用剧增，中国人均 GDP 增长了 90 多倍。[10]

大多数发展中国家都想走中国的路。南非能源部长格韦德·曼塔谢（Gwede Mantashe）说："能源是经济增长的催化剂。"确实，国际能源署估计，煤、油、汽使用越多，可再生能源越少——加上好得多的政府治理水平——非洲可以迎来"非洲世纪"，二氧化碳排放会增加，但经济增长也快得多，到 2040 年之时，每个非洲人每年可以多赚 1000 美元。[11]

但是为什么我们无法用太阳能板和风力涡轮机解决发展中国家的能源贫困呢？这是许多发展机构和绿色能源公司宣称正在做的事情。他们的宣称并不合理。

要了解太阳能和风能等绿色能源的好处如何被极度夸大，我们应该看向一个贫穷的印度村庄达尔奈（Dharnai），它是印度第一个太阳能社区。当地居民多年来试图连上主要由煤电发电厂驱动的国家电网均未成功，然后一个绿色赞助者来了。2014 年，一个名叫绿色和平（Greenpeace）的组织打着“简化能源接入”的旗号，为达尔奈提供太阳能驱动的“微型电网”——一种未接入中央系统的电网。绿色和平骄傲地宣称：“达尔奈拒绝走入化石燃料工业陷阱。”世界媒体激动地报道这座“首个生活全方位都由太阳能驱动的印度村庄”。[12]

绿色和平的意图是好的，但是好的意图并不能带来多大的发展。电力系统启用当天，电池在几个小时内就没电了。达尔奈的一个男孩回忆道，他想在清晨去田里工作之前早点写完作业，但电量连家里的一盏灯都点不亮。因为太阳能太微弱，用不了电炉子，居民现在只能用一盏灯点亮厨房，但依然使用烧木材或粪便的旧厨灶，污染了家里，陷家人于危险之中。[13]

绿色和平邀请达尔奈所在邦的邦首席部长参加太阳能系统的落成仪式，接见“感恩戴德”的居民。首席部长现身的时候，一大群人举着要求“真电”（就是可以带动冰箱或炉子、能让你的孩子在凌晨做作业的那种电）而不是“假电”（也就是上面这些事情都做不到的太阳能）的标牌。抗议一周后，达尔奈就接入了电力稳定的国家电网。该地居民现在用三分之一的价格从国家电网获得电力资源。[14]

同样的情形在全球各地上演。

在斐济，政府与一家日本科技公司合作，把离网太阳能输送到边远社区。他们为一个叫卢库阿的村庄提供中央化的太阳能单元。弗兰克·姆拜尼马拉马（Frank Bainimarama）总理骄傲地宣布“一种可靠的能源”预示着将“毫无疑问解锁一系列发展机会”。[15]

可以理解，卢库阿所有人对用上能源感到惊喜，想充分加以利用，所以超过三十个家庭购买了冰箱。不幸的是，离网太阳能能源系统提供的电力甚至没法同时供三台冰箱使用，所以每天晚上电力都会彻底耗尽。六个家庭为此买了柴油发电机。据调查了该项目的研究者称："卢库阿现在使用的化石能源电量是安装可再生能源系统之前的大概三倍。"研究者用尽量保守的语言总结道，该项目并没有达到社区"弹性的建设需求"。[16]

太阳能板确实带来一些好处，可以给手机充电，晚上为电灯供电。但是它们不能促进发展。一个常见的传闻是，有了太阳能灯，学生能在晚上学习，因而提高学习成绩。2017 年印度的一项控制研究显示，太阳能对学习或上学时间其实并无影响。该研究还表明，太阳能并不会增加工作时间，也不会增加存款、开支，促进商业创造或更大范围的发展。结论是，太阳能板并不是大多数人想要的。在坦桑尼亚，一项对拥有太阳能板的家庭的研究显示，将近 90% 的家庭依然想要接入电网。[17]

此外，在非洲各地的调查问卷中，非洲人称太阳能板提供的好处远小于其成本。平均而言，对个人的好处只有总成本的 30%—41%。即使考虑到额外的健康好处，如减少由煤油灯造成的室内污染，太阳能板对普通非洲人的益处也可能不及心怀好意的富人为此付出的钱。[18]

在经常因气候议题而激动的西方国家，政府试图通过监管和补贴强行为电网引入更多的可再生能源。在欧盟的各个国家，我们可以看到此手段造成的结果。

德国的可再生能源政策被称作"能源转型计划"（Energiewende），

得到了全球环保主义者和政客的称赞。在这项推行已有十年之久的政策下，德国全国从核能和化石能源转向太阳能和生物质能。近年来，能源转型年均花费 360 亿美元，是该国自统一以来最大的政治计划。过去 20 年来，电费已经翻倍，现在是每千瓦时 35 美分，几乎是美国平均电费的三倍。到 2025 年，德国人将在可再生能源和相关基础设施上花费 5800 亿美元。[19]

大量开支意味着可再生能源从满足德国总电力需求的 7% 上升到 2019 年的 35%，可再生电力中的三分之二由太阳能和风能构成。但是德国一直担忧核能，尤其是 2011 年因地震和海啸发生日本福岛核泄漏事件之后。这一恐慌导致从 2000 到 2019 年，核能被砍掉了一半。因为核电不排放碳，核能的减少抵消了大部分太阳能和风能的增长。[20]

总体来说，化石能源的比例在德国能源构成中只下降了一点点。在 21 世纪的头十年，化石能源在总能源供给中的比例从 84% 降到了 80%。但自从能源转型计划在 2010 年通过之后，化石能源份额几乎维持不变，到如今只下降了 1 个百分点，为 79%。[21]

放眼整个欧盟，可再生能源在所有能源中的占比自世纪之交的 6% 上涨到 2018 年的 14%。但存在一个隐忧：可再生能源多数并非来自太阳能和风能。总体上，太阳能和风能只占总的可再生能源的 2.7%，而生物质能占比超过 10%。生物质，其实就是木材的另一个洋气名字罢了，这是一种可以在需要的时候产生能量的可靠的可再生能源。但问题在于，木材常常是用柴油船从美国进口的，这样下来使用木材甚至比烧煤排放的二氧化碳*更多*。生物质能被欧盟划分到无二氧化碳类别里，是因为树木伐掉后可重新种植，未来几十年里吸收的二氧化碳会抵消烧掉它产生的二氧化碳。不必说，这种计算方式令人起疑。[22]

靠着这种花招和对美国进口木材的依赖，欧盟成功把化石能源的使用占比从 2000 年的 79% 减到了 2018 年的 71%。但是，这项能源政策的耗资已经超过欧盟经济的 2%，大约每年 4000 亿美元。实际上，20% 的欧盟预算现在都用于气候政策。[23]

如今，欧盟居民用电成本是美国每千瓦时 13 美分的两倍。这一差距将迅速扩大。一项 2019 年的研究估计，在接下来的十年里，欧盟的电费批发价将翻两番。[24]

无法绕开的事实是，气候政策无比昂贵。活动家和政客做了什么呢？他们要么淡化成本，要么采取更加危险的手段使其收益看上去为正。

他们宣称，如果把肮脏的化石能源换成清洁的可再生能源，我们不仅能解决气候危机，还能解锁工作、存款、竞争力，提升整体福祉。美国政治评论家托马斯·弗里德曼（Thomas Friedman）经常谈及，美国需要跳上清洁能源这趟车，否则就要面对中国“击溃”美国然后把全部“好处”带走的未来。[25]

没有什么比下面的例子更能说明这种扭曲事实的意图了：2018 年，联合国秘书长拿着一份报告称，最快从 2030 年开始，强硬的气候行动能给世界带来“至少 26 万亿美元”的好处。[26]

不过奇怪的是，报告宣称有 26 万亿美元的好处，却没有解释数字是怎么来的。该报告说，*真正*的文献证据，将出现在不久后发表的研究报告中。我联系了作者，询问他们是怎么得到这个荒诞的数字的。在长达一年半的时间里，我每隔几周就联系该出版物相关人员。本书写作期间，该文件还没有公之于众。

宣称气候政策不仅有益于气候还能实现共同富裕只是安慰人的睡前故事，它与事实大相径庭。每项严肃的报告都显示，气候政策实施的成本非常之大，就是因为改变支撑了过去两个世纪经济发展的能源基础设施非常非常昂贵。

联合国估计，为了限制 1.5 摄氏度（2.7 华氏度）的增幅，单是额外的基础设施成本就会在未来 30 年里达到几乎每年 1 万亿美元。2018 年一份高盛的报告显示，仅仅建造电动汽车基础设施，如充电站和电源网络，成本就将达到巨额的 6 万亿美元，占今天全球 GDP 的 8%。[27]

随着费用高企，政治反对的可能性越来越大，造成气候政策被推翻。如我们在法国等地所见，甚至连特朗普总统也宣布美国退出《巴黎协定》。

如果欧盟坚守其 2050 年的气候承诺，单自己就可能付出每年 2.5 万亿欧元的气候政策成本——占其 GDP 总额的 10%。这比目前欧盟花在教育、健康、环境、住房、国防、警察和法院上的总额还多。难以想象这样的花费不受人诟病。[28]

新可再生能源，如太阳能和风能每年耗费全球 1410 亿美元的补贴，但在全球能源供给中无足轻重。发达国家能挥霍万亿美元但收效甚微；发展中国家没有万亿可供挥霍，反而想要更多的能源，其中多数是化石能源。

一言以蔽之，这正是全球气候政策正在遭遇失败的原因。近年来，气候变化引发了更多的全球关注，抗议运动和活动家们让此议题驻留在报纸头版。但是全球的决策者则前所未有地偏离正轨。这是为什么联合国自己也把 21 世纪第二个十年总结为“失去的十年”，当下的现实与自 2005 年以来没有新气候政策的设想场景本质上没有区别。这是一个充满全球对话、政客承诺、气候法律颁布的十年。但是，在全球层面，联合国没有看到其中任何行动带来了改变。[29]

接下来，我们将探讨到底为什么《巴黎协定》不会带来其承诺的救赎。

第八章

为什么《巴黎协定》正在失败

2015 年 12 月，全球几乎所有国家的领导人通过了关于气候变化的《巴黎协定》。它被称赞为通过国家承诺削减二氧化碳排放从而解决气候变化问题的标志性壮举。该协定的导言甚至提到了把温度增长限定在小于 2 摄氏度，乃至 1.5 摄氏度。时任法国总统的弗朗索瓦・霍朗德（François Hollande）说："这是人类的重大一步。"经济学家斯特恩勋爵补充道："这是历史性时刻，不只是我们的，也是我们孩子、孙辈及未来世代的。"阿尔・戈尔认为此举"大胆且具有历史意义"。[1]

不幸的是，他们都错了。《巴黎协定》实施起来耗费巨资，且几无用处。

尽管名字看起来只是一个精心筹划的"协定"，但事实上，这项交易包括了国情差异巨大的众多国家作出的承诺，每个国家都只是简单地宣布到 2030 年削减多少二氧化碳排放。有的国家许诺得很大胆，有些国家的承诺则容易实现得多。《巴黎协定》实质上就是把这些许诺揉在了一起。

每项承诺都有成本。为了实现承诺的减碳，政策必须迫使个人和公司使用减少排放二氧化碳的技术和燃料。如果这些技术和燃料更便宜，那显然就没有付出额外的成本，但是那样不用任何承诺也能自然减少。事实是，国家作出承诺而且是难以实现的承诺，意味着政策不得不强迫个人和公司使用更昂贵的技术和燃料。

政府本身难以量化承诺的成本，但想弄明白也是可能的。不幸的是，可不像查看能源税收或补贴账单那么简单。如果一项国家政策意味着不得不用 100 亿美元的额外能源税收买单，那么成本看上去虽是简单的 100 亿美元，但是这个 100 亿美元并不会消失，而是由国家收集，用来资助预算中的其他事物。同样的，如果政府花了 100 亿美元补贴太阳能和风能，并不意味着社会成本是 100 亿美元，因为钱没有被浪费，而是被重新分配了，通常是分配给了有钱的太阳能板和风力涡轮机拥有者。

那么，真正的成本是什么呢？我们需要明确，对每个人来说更高的能源价格有什么间接影响。使用能源的每一个家庭、每一家公司、每一个组织发现，能源价格贵了一点，花在其他事情上的钱就少了一点。这会轻微地减少经济增长。此成本是气候政策的相关社会成本——因各国坚持使用比化石能源更贵、更不可靠的能源而导致的福利减少。

二氧化碳排放总体上是生产的副产品，生产即产业、政府和个人提供我们想要的更多物品（包括供暖、制冷、食物、交通、医护以及更多别的东西），不是你想让二氧化碳排放消失它就会消失。当国家许诺减少排放，他们本质上是在许诺让所有这些都贵了一点点。而此举相当于给经济轻踩刹车，导致增长稍微减缓。这不是说国家的经济不会增长，只是增长稍稍变慢。

我们可以用"能源 – 经济"模型衡量增长减缓的损失。简单来说，每个模型都能识别有气候政策和没有气候政策的情况下，未来几十年 GDP 增长的可能路径。两种场景的 GDP 差额是气候政策的成本。

如今，任何模型的优劣由其数据和假设决定。有些模型可能过于悲观，基于的前提是，减排非常难，所以强势的气候政策会造成 GDP 增长剧减；而有些模型可能过于乐观，基于的前提是所有减排都几无成本。不意外的是，气候政策支持者通常选择能论证其观点的模型。这也是为什么经济学家偏爱使用多个模型，调和乐观主义者和悲观主义者。

大量使用"能源 – 经济"模型的研究项目里，最知名、最不偏不倚的是斯坦福大学的能源模型论坛（Energy Modeling Forum，EMF）。EMF 进行了超过三十项研究，被认为是"能源 – 经济"模型的黄金标准。我们使用多项研究（其中多数来自 EMF），可以估算《巴黎协定》中最昂贵的承诺所需的成本，这些承诺来自美国、欧盟、中国和墨西哥。他们的承诺一共占了总减碳承诺的约 80%。

在奥巴马总统许下的承诺中，美国到 2025 年，相比 2005 年，要减少 26%—28% 的温室气体排放。EMF 的研究表明，若要实现此目标，使政策有效，在这期间需增加成本。2015 年承诺之时，显然是没有成本的。但是随着实现此承诺的政策开始实施，GDP 增长速度会比无此政策时稍慢。有此政策的 GDP 和无此政策的 GDP 之间越来越大的鸿沟就是每年的成本。到 2030 年，据承诺的减排数估计，美国 GDP 的损失在 1540 亿美元和 1720

亿美元之间。[①] 随着美国 GDP 开始走上稍慢的发展路径，损失将在未来持续扩大。[2]

欧盟承诺，到 2030 年，减排量与 1990 年相比少 40%。其成本没有官方估算，但是 EMF 通过七个模型发现，到 2030 年减少 40% 排放量（作为到 2050 年减少 80% 的阶段性目标）将导致 2030 年的 GDP 损失 1.6%，即 3220 亿美元。[3]

不是每个国家都用相同的方式承诺。中国承诺削减经济中每生产 1 美元所排放的二氧化碳量。这被称作“碳强度”（carbon intensity）。中国设定的目标是，与 2005 年相比，经济中每生产 1 美元排放的二氧化碳减少 60%。这相当于在 2030 年减少至少 19 亿吨二氧化碳总排放。[②] 此处，我们可以使用类似于 EMF 但聚焦亚洲地区的“亚洲演练模型”（Asian Modeling Exercise）研究计划，该计划使用了 13 个“能源 – 经济”模型演示了有无气候政策的不同情况。结果显示，中国在每年损失大概 2000 亿美元 GDP 的情况下，能削减 19 亿吨二氧化碳。[4]

墨西哥则制定了发展中国家里最严格的气候立法：该国有条件地承诺到 2030 年减少本该排放的二氧化碳量的 40%。尽管墨西哥刻意低报了自己的成本预估，独立研究者使用多个模型预测到 2030 年墨西哥的损失将达到 GDP 的 4.5%，也就是大约每年

---

① 在特朗普总统任期内，美国宣布退出《巴黎协定》。不过此声明会在 2020 年末美国总统选举结束后生效，所以在写作本书时，美国仍是需遵守承诺的签署者。——作者注

② 因为二氧化碳是最主要的温室气体，所以我们常常只说二氧化碳，但还有很多别的温室气体，比如甲烷。为了简明叙事，我们把所有气体按照国际标准转换成二氧化碳，术语上叫“二氧化碳当量”（carbon dioxide equivalents）。——作者注

800 亿美元。[5]

这意味着美国、欧盟、中国和墨西哥的总成本达到 7390 亿美元（如果美国选择了更高的承诺目标，则是 7570 亿美元）。鉴于这些国家分担了《巴黎协定》中 80% 的承诺，假设 7390 亿美元占该协定总成本的 80% 是合理的，那么到 2030 年，《巴黎协定》每年全球的总成本大概是 9240 亿美元。

记住，这些成本估算，建立在政客能最有效地贯彻减排政策的前提上。通常，一项二氧化碳税适用于经济体的每一个领域，并会慢慢随着时间增加。现实中却并非如此。政策制定者喜欢挑选赢家，做特殊的交易。

比如，2008 年，欧盟承诺到 2020 年减少 20% 的排放量。斯坦福大学的能源模型论坛用多个模型模拟该政策，发现如果能有效实行，欧盟 2020 年的 GDP 增速比没有该政策的情况慢 1%：该政策的成本从 2020 年开始将永远是 GDP 的 1%。“有效实行”在此处本意味着推行一种二氧化碳税，鼓励电力生产者从煤炭转向污染更少的天然气。更不幸的是，政客们情不自禁地推动提高经济中风能和太阳能的占比。他们使用补贴促成此事，令政策成本愈加昂贵。总体来说，研究者发现，欧盟政策整体将造成 2.2% 的 GDP 损失，比实施预计有效政策的情况下高出了两倍多。[6]

在美国，我们也看到了同样的问题。许多美国政客不仅想让电网减排二氧化碳，也想让减排是由可再生能源带来的——基本上就是太阳能和风能。在 29 个州，这是通过一种所谓的可再生组合标准（renewable portfolio standard）实现的，该标准要求电力生产者从其电力中划出特定一部分留给可再生能源。加利福尼亚州和纽约州都设定了2030年达到50%的目标，而夏威夷州的目标则是2045年达到100%。这类政策显然受到太阳能和风能生产者的欢迎，但研究显示此举将导致各州成本增加。最便宜的减排方式通常是像欧洲那样，将煤炭换成天然气，而依赖可再生能源至少导致各州成本翻倍。[7]

政客做事效率低，《巴黎协定》也难逃例外。各国的承诺执行起来效率低，就像欧盟和美国一样。据此可合理估计，《巴黎协定》的成本将是政策在原定实施情况下的两倍。

因此不夸张地说，到2030年《巴黎协定》会轻易让世界每年减少1万亿美元——在更低效的政策下，成本很可能爬升到接近每年2万亿美元。[8]

不论你怎么看，《巴黎协定》都是迄今最昂贵的条约。2万亿美元，跟全球每年的军事开支相当。每年《巴黎协定》的耗资，都是之前世界上最昂贵全球条约的2到5倍:《凡尔赛条约》中德国的一战赔款。对比来看，与其他一些致力于帮助世界的政策相比，《巴黎协定》每年的成本，是全球每年花在保护和提倡生物多样性上的大概100倍；它也比全球每年在抗击艾滋病上的花费多100倍。[9]

至此，对于《巴黎协定》实际将达成什么并没有官方估算这件事，你可能已经不惊讶了。

为了衡量《巴黎协定》中的气候变化承诺有何影响，首先我们需要确定当下排放量的基准水平。然后我们才能弄明白，在温度上升的影响方面，减碳承诺意味着什么。

从2020年到21世纪末，如果我们什么也不做，联合国的预测情形是，世界将排放 60000 亿吨二氧化碳。

我们排放的总吨数与全球平均温度上升直接相关。据联合国估算，多排放 10000 亿吨二氧化碳将在长期造成 0.45 摄氏度的升温。也就是说，21 世纪额外的 60000 亿吨将造成大概 3.2 摄氏度的升温。因为我们已经比前工业时代的水平高了将近 1.1 摄氏度，这意味着如果我们什么也不做，21 世纪地球将会变热大概 4.2 摄氏度，跟第二章中 MAGICC 模型预测的差不多。[10]

那么，如果各国达成了《巴黎协定》中的承诺，会发生什么呢？《巴黎协定》的联合国组织者曾在 2015 年（仅此一次）发布了所有国家承诺的二氧化碳削减量造成的最大总影响估算。它提供了我们所能期望的最好情形。估计到 2030 年，二氧化碳总削减量是 640 亿吨。根据联合国每 10000 亿吨二氧化碳升温 0.45 摄氏度的估算，640 亿吨相当于到 21 世纪末，气温降低 0.029 摄氏度。这告诉我们，即便是最乐观的情形，《巴黎协定》也跟解决全球变暖八竿子打不着。到 2100 年，它对温度影响甚微。[11]

在图 8.1 中，我们可以看到，与将升温限制在 1.5 摄氏度以内相比，《巴黎协定》的结果显得无力。该协定只承诺减少 640 亿吨二氧化碳，也就是减少 0.029 摄氏度的升温。这还是每个国家都达成承诺的最佳情形。但现实中，我们与这一目标都相距甚远。

2017 年，《自然》上一篇里程碑式的文章直言不讳："所有主要工业国都无法达成温室气体减排的承诺。"研究者指出，欧盟承诺到 2030 年比 1990 年减少 40% 的碳排放，但已实施的政策只会减少 19%，不到该目标的一半。即便是把许诺的政策全算在内，到 2030 年欧盟也达不到减排 30%。而且欧盟的进展主要来自从煤炭转换成天然气，而不是建设可再生能源。[12]

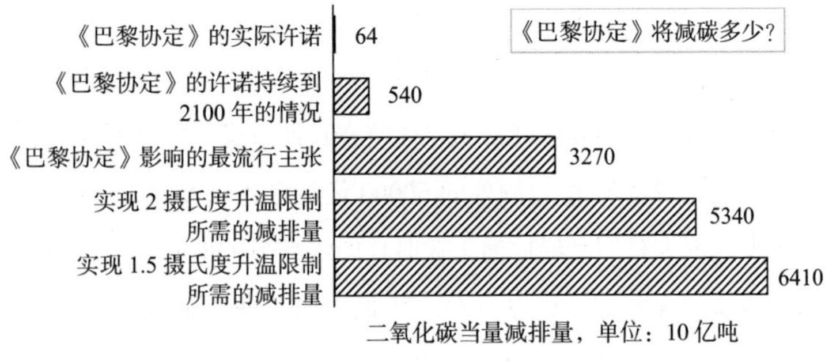

图 8.1 《巴黎协定》中不同目标减排的规模[13]

第一根横条表明《巴黎协定》许诺到2030年会削减多少。第二根横条显示的是如果整个21世纪都遵守该协定会削减多少二氧化碳。第三根横条显示，最流行的主张会实现多少削减量：比实际的《巴黎协定》多50倍。为了对比，我们看看把升温限制在2摄氏度，需要多少削减量。所有数据都有很大的不确定性，应该用在相对规模的比较上。

全球都差不多：尽管日本承诺到2030年比1990年的排放量减少18%，但实际上正在朝4%的目标前进。墨西哥和韩国尽管也承诺了，但排放量几乎没变。如果你认为在特朗普总统宣布计划退出《巴黎协定》之前，该协定正在按部就班前进，那就大错特错了。奥巴马总统承诺到2025年，比1990年的排放水平减少18%，但从来没有推出足够的立法。基于奥巴马时代的政策（不考虑特朗普推翻了它们），奥巴马总统预计最多实现7%的减排量。[14]

相反，全球发展中国家则预计能够实现目标，但只是因为它们承诺得太少。比如，印度承诺的削减量实在太少，以至于不用任何新的气候政策就可能实现承诺目标，即使从1990到2030年排放量上升4倍多，印度也依然能达标。[15]

一项2018年的研究发现，《巴黎协定》中157个承诺减排的国家，只有17个通过了相关法律。换句话说，只有大约十分之一的国家采取了实现诺言的必要行动。他们都不属于排放量最大的那几个国家。它们是阿尔及利亚、加拿大、哥斯达黎加、埃塞俄比亚、危地马拉、印度尼西亚、日本、马来西亚、墨西哥、黑山、北马其顿、挪威、巴布亚新几内亚、秘鲁、萨摩亚、新加坡和汤加。人口 200 万的北马其顿削减的排放量无法拯救世界，人口 10.8 万的汤加哪怕采取最严苛的行动，也肯定不能。[16]

每一个主要工业国都无法履行《巴黎协定》中的承诺，少数能达标的国家则因太小而几乎没有显著影响。

《巴黎协定》的支持者有时候可以接受到 2030 年实现不了什么这一现实，但是又一意孤行地论称，该协定有潜力实现多得多的东西。为了合理化这种热忱，他们设想国家会改弦更张，真正开始履行承诺，并在 2030 年之后更进一步。

所以，如果我们先认定政客是可信的呢？如果我们假设政府能打破历史先例，遵守承诺，哪怕他们在过去的气候交易中没有遵守过？如果我们假定他们遵守《巴黎协定》的承诺不只是到 2030 年，而是能够持续*整个世纪*呢？

这是极不现实的。两个先前的全球气候协议——分别于 1992 年的里约热内卢和 1997 年的京都签订，在协议期结束后，几乎什么也没实现，当然也就不会再延长 70 年了。尽管如此，依然值得设定这样的人为场景，只是为了展现在假设的最佳情形下，我们能实现什么。

把《巴黎协定》的许诺扩展到 2100 年，减排量等于 5400 亿吨。转换成对温度的影响，就是到 21 世纪末，温度上升幅度减少微弱的 0.24 摄氏度。[17]

为了合理化对《巴黎协定》的支持，有些支持者不仅假设当今的所有承诺都实现了，而且未来的气候会议还能达成包含更宏大减碳承诺的全球协定。他们假设*这些*承诺都能兑现，然后将假想的未来*全部*减排量算在《巴黎协定》的头上。运营着有影响力的“气候行动追踪”（Climate Action Tracker）项目的全球变暖政策活动家把上述假设全算上了，结果就是，他们编造出的减排量，比《巴黎协定》实际承诺的减排量多 50 倍。[18]

这一方法极具误导性。就好比我承诺每天少吃一块蛋糕，然后告诉你我在接下来的一年里能减掉 10 公斤。非也，达成这样的结果，需要我们不只每天作出承诺，还要在整整 12 个月里采取行动。*承诺*作为第一步固然重要，但跟实际行动不是一回事，跟完成全部预想更是相距甚远。

在《巴黎协定》峰会上，政客还承诺全球温度上升不超过 2 摄氏度。实现此目标意味着要削减比承诺多 80 多倍的碳排放量（记住，即便是承诺的量也难以实现）。要实现 2 摄氏度的目标，我们需要扎扎实实地新增额外减排量，规模跟从 2020 到 2100 年*每一年*都执行《巴黎协定》的承诺减排量相当（而且我们需要的是真正兑现，而不只是空头支票）。政客甚至更进一步宣称在协定中，他们想把全球温度上升限制在 1.5 摄氏度之下，这意味着所需减排量比《巴黎协定》承诺的多 100 多倍。因此，即便《巴黎协定》的承诺真正兑现了，也只是实现了政客许诺的百分之一而已。

当下，我们已经承诺每年花费 1 万亿到 2 万亿美元，而一百年后我们也不会感觉到温度有什么差别。事实上，如果我们用金钱来衡量减少气候损失的好处，那么《巴黎协定》每花 1 美元，只能避免 11 美分的长期气候损失。这就不合理。[19]

所以，如今我们常常听到活动家和政客说，真正的问题就是承诺还远远不够。实际上，自从《巴黎协定》签订之后，越来越流行所有国家都应该实现“净零排放”（net zero）的说法；也就是说，最迟到 2050 年，停止排放二氧化碳到大气中。超过 60 个国家承诺将在未来 30 年内实现碳中和。最大的碳排放国家中国、美国、印度不在其列。作出此承诺的大国有英国、法国和德国。芬兰称将在 2035 年实现碳中和，而挪威则计划在 2030 年实现。澳大利亚没有承诺实现净零排放，但是该国四个州作出了承诺。在美国境内，纽约州和加利福尼亚州计划在 2050 年实现碳中和。[20]

说起来容易做起来难。承诺非常昂贵，而且每一个国家都可能兑现不了。

新西兰的例子具有指导意义。实际上，该国是世界上第一个承诺实现碳中和的国家，也是第一个失败得一塌糊涂的国家，还是第一个承诺卷土重来再次实现同样目标的国家。

2007 年，新西兰总理海伦·克拉克（Helen Clark）称其愿景是新西兰在 2020 年实现碳中和。联合国称赞她是“地球捍卫者”。不过，要是减碳就跟吸引注意力一样简单就好了。新西兰不仅没有实现愿景，甚至没有减少*任何*排放。2019 年的最新官方统计表明，该国的总排放量在 2020 年将比克拉克女士宣布雄心时更高。新西兰的排放量跟克拉克女士的愿景目标相比，差了惊人的 123%。但是在 2018 年，总理杰辛达·阿德恩（Jacinda Ardern）卷土重来，承诺到 2050 年实现碳中和。旨在实现此目标的立法于 2019 年通过。[21]

新西兰的例子颇为有趣，因为值得一夸的是阿德恩真的要求该国主要经济部门估算了承诺的成本。因此，关于实现碳中和的成本，我们拥有了可能是学术上唯一可信且官方的估算。由新西兰知名经济智库发起的研究表明，只是达到目标的一半，即到2050年减少新西兰碳排放量的50%，也要每年花费至少190亿美元。对于一个人口跟爱尔兰或南加利福尼亚州差不多的小国来说，可不是小数目，相当于目前政府花在教育和医疗系统的总额。[22]

而这只是实现阿德恩一半目标的最低成本。实现全部目标可能要每年超过610亿美元，也就是2050年GDP的16%。这比新西兰现今花在社保、福利、健康、教育、警察、司法、国防、环境等所有政府部门加起来的钱还多。[23]

为了实现目标，新西兰人需要接受暴涨的碳税，高到相当于汽油税每升2.2美元。即使是占GDP 16%的成本也是基于每项政策都尽可能高效实施的天方夜谭般的假设之上。想想现实世界中成本翻倍的例子，实际成本可能会是32%的GDP乃至更多。[24]

成本并不是从2050年才开始有的，这一点很容易被忽略。达成目标需要政策从2020年就开始实施，意味着成本现在就有了，到2050年将达到16%—32%，并在21世纪的剩余时间里维持该水平。

整个21世纪，成本累计超过5万亿美元，且可能超过11万亿美元。如果我们假设每个新西兰人将在21世纪的每年平分金额，成本将是每个新西兰人每年至少分担12800美元。如果政策执行糟糕，就像目前为止全球现状一样，那么人均成本甚至超过每年25000美元。[25]

作为粗略的估算，如果我们把新西兰到2050年实现碳中和的成本按比例放到美国身上，按今天的美元计至少5万亿。不是一次性，而是*每一年*。这比目前整个联邦的全部支出4.5万亿还要多。在务实的假设下，金额可能接近每年10万亿美元。[26]

但是，至少新西兰能帮助世界处理气候变化，对吧？即使该国要付出巨大的、持久的、自戕式的成本，但还是会带来一些好处吧？是的，但寥寥而已。

让我们来感受一下影响的规模。如果我们假设这一次新西兰到 2050 年真的实现了零排放承诺，并且在剩下的 50 年里维持住，根据联合国气候小组的标准估算，将在 2100 年达成 0.002 摄氏度的温度削减量。鉴于 2100 年左右的预期升温，这意味着，新西兰到 2050 年达成净零排放会让本该在 2100 年 1 月 1 日达到的温度推迟三周左右到达，即 2100 年 1 月 23 日。[27]

所以，新西兰正在考虑花至少 5 万亿美元达成 21 世纪末难以实际衡量的影响，因此很难要求新西兰人在接下来 80 年里一直支持如此强势的气候政策。迟早（更可能是早），会有政客靠“一个世纪内不起作用”这个理由成功说服大家放弃净零排放政策，转而在健康、教育和环境上加倍投入，*并*减少税收。

《巴黎协定》的成本从未有过官方估算，也尚无对其影响的有意义评估。看看数字就明白为什么了。

《巴黎协定》将成为迄今最昂贵的条约。如果完全实施，将从 2030 年起每年耗资 1 万亿到 2 万亿美元。但是该协定对气候几无裨益：所有承诺兑现到 21 世纪末也就只能减少近乎难以察觉的 0.029 摄氏度升温。而排放大国中没有谁能真正兑现承诺。

耗资万亿却几乎一无所获，毫无疑问不是好点子。每 1 美元只能产生 11 美分的气候收益。

我们当然可以做得更好，但如今，我们正在追求的政策不会解决气候变化——不仅差得远，而且过程中会浪费数以亿万计的美元。

第九章

选择前路：何种未来最光明？

想象一下，如果八十几年前的1940年，你有一个选择：透过战争、动乱、探索和机遇朝前看，你可以让美国拥有比平均水平稍高或者稍低的经济增长率，但两者不会差太多。按人均算，是1.89%或者1.27%的增长率——也就0.62%的差距。

似乎显而易见，多数人会选择更高的增长率，保证我们为子孙后代提供更多的可能性和机会。但是，这么小的增长差异在经年累月之后的差异，可能会使很多人惊讶。在多年复合增长率的影响下，仅仅80年，更高的增长率就比更低的增长率，让一国之民的富裕程度高出三分之二。

这便是发达国家如今在讨论气候问题时面临的选择。而对发展中国家来说，这一选择更加严峻。受到活动家和游说者的鼓动，许多领导人准备采取更低增长的路径，将子孙后代打入更差的现实世界，把世界上最贫困的人套牢在一个机遇更少、前景更小、福利更低的未来里，其代价可高达500万亿美元——平均每年。

近三十年来，全球在二氧化碳减排方面的努力都失败了，而该努力催生的气候政策或令我们耗费巨资。到2030年，《巴黎协定》将每年耗资1万亿美元甚至更多，但这只是开头。气候变化恐慌可能最终令人类损失*数百*万亿美元，注意是每一年。[1]

以上言论听起来像是极端的断言，但其实是基于数年的研究得出的，由2017年联合国气候小组“政府间气候变化专门委员会”（Intergovernmental Panel on Climate Change，IPCC）的研究者发表。他们研究了五种不同的未来设想，称之为“共享社会经济路径”（Shared Socioeconomic Pathways，SSP）。这些路径基于复杂的模型，通过输入大量不同信息和假设建立了多种涉及面广、看起来合理的未来。建立这些模型的研究者考察了从地缘政治到经济、贸易、移民模式、教育和健康等众多因素。[2]

所有的路径都表明，在接下来这个世纪，人们将更加富裕。该预测基于历史，有充分依据：过去200年，全球人均GDP增长了约1600%，从1100美元增长到今天的17500美元。但是，根据我们选择的路径不同，人们的富裕程度将产生巨大差异。[3]

如果我们选择了被研究者称为“区域竞争的崎岖之路”（Regional Rivalry—A Rocky Road），增长将是最缓慢的。在这种未来图景（见图9.1）中，民族主义将在多国兴起。这意味着人们对共同应对全球变暖的兴趣减弱。更糟的是，政府更关注国内挑战和国家安全，而不是一起合作或者投资教育和科技研发。结果就是，经济发展低迷，收入不平等问题持续出现甚至恶化。工业化国家人口增长缓慢，发展中国家则人口增长迅猛。全球范围内，环境的重要性变低，也就是说，在有些地区，环境挑战更加严峻。即使是在这种令人沮丧、难以控制的未来里，2100年的人均GDP也将达到今天的170%。

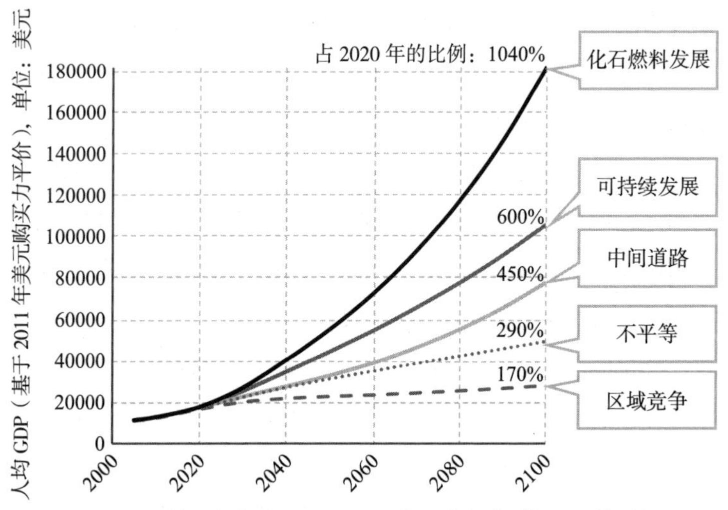

图 9.1　联合国设想的 2005—2100 年五种全球人均 GDP 情形[4]

右侧是 2100 年的人均 GDP 占 2020 年金额的比例。

如果我们选择了“不平等的分裂之路”（Inequality—A Road Divided），将出现第二糟的结果：世界分成两半，一边是教育水平良好的国家，一边是教育水平较次的国家成为劳动密集型、低科技含量的经济体。发达国家大量投资健康和教育，而发展中国家则无力投资这些领域。经济机会和政治权力日益增长的差异导致两个世界之间的鸿沟越来越大，国家内部的贫富差距也愈演愈烈，因而削弱了社会凝聚力。冲突与动乱愈加普遍。发达国家在环境上投资，但发展中国家不会。即使是这种黯淡的设想，到 21 世纪末，人均 GDP 也将增长至今天的 290%。

在“中间道路”（Middle of the Road）场景中，社会、经济和技术趋势与历史模式非常相似。这种场景跟当下的状况也是相似的，许多问题依然存在，许多解决方案得不到充足的资助。健康和教育进步缓慢，技术没有重大突破，只是缓步向前。发展和收入增长相当不平均地前进着，有些国家会落后。全球机构和各国国内的机构继续在联合国提出的“可持续发展目标”议程中缓慢进步。尽管我们跌跌撞撞，未来 80 年的人均 GDP 增长仍将达到今天的 450%。根据 2018 年一项对知名经济学家的调查，这实际上是 21 世纪最可能的结果。[5]

此外还有其他两种路径，两种造成最高收入增长的“最佳”情形。这是让2100年的世界更美好的两种完全不同、互斥的路径。

其中一条路径是“可持续发展”（Sustainable Development），又叫“绿色道路”（Green Road）。这是一个需要更多全球和谐与协作的生态方案，聚焦于减少消费行为造成的环境影响，确保经济增长在地球上留下的印迹更少。全球的政府都在科技迅猛发展的同时加大教育和健康投资。尽管如此，仍然存在要求人们减少使用资源和能源的诸多政策，比如少吃肉，少消费。结果就是，人造温室气体的排放总量降低了，而该场景也是五种道路中温度上升最少的。在这个世界里，人均 GDP 是如今的 600%。

最后一种路径被称作“化石燃料发展”（Fossil-fueled Development）或“传统发展”（Conventional Development）。在这条路径上，世界重点关注增长。若要走上这条路，需要有强劲的竞争性市场、促进创新的政策，以及通过对健康和教育大规模投资建立人力资本。在此情景下，世界着重于快速的科技发展，国家利用丰富的化石燃料资源支持资源和能源密集型生活方式，温室气体排放要高得多。这一场景是到 2100 年温度上升最高的。尽管如此，适应措施的投资也高得多，空气污染等地方环境问题得到成功控制。在这种设想中，人均 GDP 暴涨 10 倍，达到 2020 年人均 GDP 的 1040%。[6]

这两种场景下，地球人均GDP都将在2100年超过10万美元。这对当下的我们来说可能是异想天开，但顶级经济学家认为，实现这两条道路的可能性分别是三分之一和四分之一。[7]

两种场景都给普通人带来巨大的福利，但化石燃料发展路径带来的要远多于另一种。两种场景中，极端贫困到21世纪中叶几乎都会被消灭，但是化石燃料发展路径的速度更快——未来三十年，相比之下，可持续发展道路每年多出2600万极端贫困人口。这两种路径都能看到国家间的不平等指数急剧下降。所有五种路径中，不平等指数预计都会下降，一部分发展中国家能赶上发达国家。但是在可持续发展和化石燃料发展路径中，国家间不平等指数下降得尤其剧烈。到2100年，两种方案中，不平等指数将是过去两个世纪中的最低值。而且出人意料的是，化石燃料发展方案将比可持续发展方案更能促进国家间的平等。[8]

研究发现，不同路径为我们提供了看待前方选项的清晰方式。这是研究者在当下认为可能的全部设想。令人安心的是，这些选项没有一个是像《疯狂的麦克斯》(*Mad Max*)那样的反乌托邦未来。即使是五种设想中最糟糕的那个，人们也比今天活得更好。但我们的目标应该是保证未来世代的处境尽可能好。所以，我们应该更深地挖掘五种路径的不同之处。

也许这些方案中能看到的最重要的一点是，当政府在教育、健康和科技上投入更多，世界就能减少贫困和不平等，大大变好。

如果没人投资教育、健康和科技(如“区域竞争”路径)，或者只有发达国家这么做(如“不平等”路径)，那么世界就会变得更糟糕、更不平等，穷人会比其他方案多出很多。如果政府在这三个领域投入适当（如“中间道路”），收入、不平等和贫穷状况也会相应得到改善。但是对教育、健康和科技大量投资（如“可持续发展”和“化石燃料发展”路径）意味着世界到了2100年将美好得多，收入非常高，几乎没有极端贫困，国家之间的不平等也会缩小。

在最糟糕的方案中，全球的教育普及会受挫。在垫底的两大方案中，只有大约一半的成年人能获得高中及以上的教育，四分之一的人到21世纪末没有接受任何教育。当下全球的文盲率是12%，届时将增长到几乎五分之一。全球范围的预期寿命在未来80年里最多增长几岁。[9]

在两种最好的设想方案里，几乎每个人都能获得高中或大学文凭，文盲几乎完全消失，预期寿命达到近100岁。

这些方案中最重要的政策选择与气候变化毫无关系，我们需要受教育程度高的健康人口，发展和使用先进科技。如果我们能应对这一关键挑战，那么到21世纪末世界将富裕6—10倍，平等程度大为提高，极端贫困早早就被消灭。

现在显而易见的是，政策选择很大程度上决定了未来的走向。错误的决策导致我们更贫穷、更没文化；正确的决策则让我们更加富裕、受教育程度更高，也更加健康。但对作为地球公民的我们来说，哪些决策是最佳的呢？

如果我们问如今大多数专家，他们更喜欢哪种方案——可持续发展的绿色方案，还是传统的化石燃料发展方案，我们可以合理地预测绝大多数专家都立刻选择绿色方案。我们太过专注于全球变暖，以至于选哪种方案变得昭然若揭。

但让我们再细究一下两者的区别，因为它们会导致结果大相径庭。

选择可持续发展路径，到 2100 年，人均富裕程度将是 2020 年的六倍（见图 9.2）。2100 年的平均收入按今天的美元计，将达到惊人的 10.6 万。这是伟大的成就。

记住，富裕程度与健康、生活满意度成正比。更富裕意味着整体福祉更高：幸福和满意度会整体提升。所以我们可以合理地说，走上可持续发展的道路，2100 年全球整体福祉将是原来的六倍。这是一个好方案。

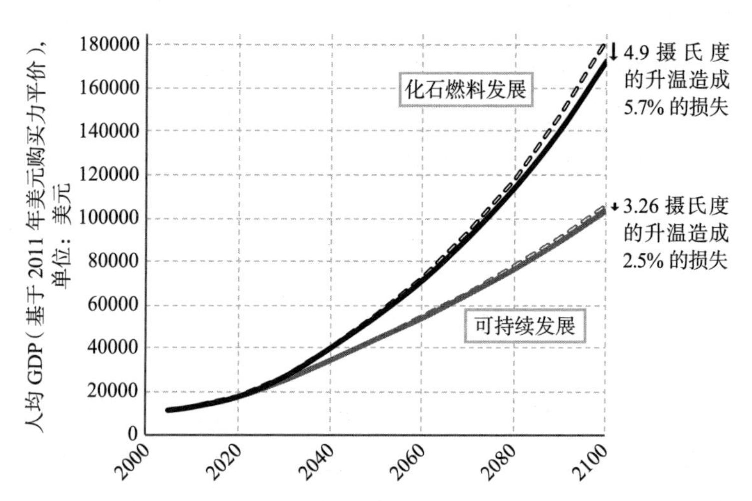

图 9.2　2005—2100 年，可持续发展方案和化石燃料发展方案的全球人均 GDP[10]

虚线表示的是美元的人均 GDP。但是温度更高意味着气候损失更多。实线是扣除气候损失的人均 GDP。

但是走上化石燃料发展路径后，人均富裕程度将是现在的 10.4 倍，这就好太多了。平均每个人年入 18.2 万美元，也就是到 2100 年，人均多赚 7.6 万美元。这比可持续发展路径要好得多。

福祉提高近十倍是惊人的成就，当然，也存在一个非常合理的担忧，考虑到全球变暖，化石燃料发展路径实际上会增加人类的苦楚。

如我们在第五章所讨论的，使用威廉·诺德豪斯基于联合国的损失估算，我们可以发现气候对全球福祉的影响。这些方案告诉我们地球会变暖多少：选择可持续发展路径，到21世纪末温度将温和地上涨3.26摄氏度，而选择化石燃料发展路径则是远高于前者的4.9摄氏度。这两个不同的升温意味着，可持续发展方案下的实际气候损失到21世纪末，将稍微低一些（2.5%），如我们在图9.2中所见。用金融术语来说，人均每年气候损失大概是3000美元。但是，扣除此数字的2100年人均GDP仍然是了不起的10.3万美元。

在化石燃料发展的方案中，到21世纪末的温度上升更高，因此损失也更大（5.7%），人均每年的损失是1.1万美元。从预期人均GDP中扣除这一金额，2100年人均GDP是17.2万美元。

此乃重点，值得反复提及：按美元计的人均GDP之间的直接对比，显示两种方案到21世纪末将差距7.6万美元。但是气候变化在两种方案中都是负面问题，将抑制经济繁荣或减少民众的福祉。在化石燃料发展方案中，全球变暖将造成人均每年1.1万美元的损失，而在更凉爽的可持续发展方案中，成本则小得多，只有3000美元。因此在我们扣除气候损失之后，差异是稍小的6.9万美元（具体来说是可持续发展方案中的人均10.3万和化石燃料发展方案中的人均17.2万）。即使是考虑了气候损失，化石燃料发展方案的额外收益也依然大得出奇。

换个角度来看。如果我们走上化石燃料发展路径，扣除气候损失后，2076 年全球人均 GDP 将是 7.98 万美元。选择可持续发展方案，我们在 2100 年之前达不到同样的水平。选择后者意味着我们实际上让世界的发展落后了一代人的时间。到 21 世纪末，全球所有人口的总差值将是惊人的*每年* 509 万亿美元。

这是我们面临的选择。就像 1940 年面临的两条路径之间的假想抉择一样，我们不得不发问，为什么要选择一个机会更少、更贫穷的世界呢？

此处我要论证的是，我们应该选择增长更高的路径，反驳众多气候变化活动家的观点，尤其是那些认为为了地球应该完全停止发展的少数极端观点。

2018 年末，将近 240 名学者签署联名信，宣称经济增长对地球有害。他们斥责“可持续”和“包容”的增长是不充分的概念，认为资源使用和不平等的指标在政治决策中应该享有比 GDP 更高的权重，收入应该被限制，工作时间应该减少。他们及“无增长经济”（no-growth economy）的全球支持者已经在墨西哥的墨西哥城、瑞典的马尔默、比利时的布鲁塞尔举办会议。[11]

这一运动充分说明了发达国家学者的自我纵容。但值得强调的是，这种理念非常危险。

显然，无增长经济的支持者认为他们不是想要经济停止增长，而是想促进更多的教育、健康和科技，尤其是针对世界上最穷困的人。但在现实世界里，增长变缓乃至停止意味着分配之争变得更为激烈，若有人认为这块争抢者日益增多的小蛋糕能分到最无权无势者的手里，就显得幼稚了。显然，在联合国预测的不同未来里，低增长方案是毫无吸引力的，尤其是对穷人来说。

响应无增长的号召，可能意味着我们的医疗、教育和科技资源将少得多。这一结果会大大减少能增加人类福祉的资源。在此方案中，反增长活动家会成功让全球只有一小撮人在21世纪末变富。我们在消灭贫困上的巨大进步将停止。世界将萧条很多——健康水平更低，教育程度更低，科技进步更少。

选择较低 GDP 路径并不只是意味着接受福祉的剧减。残酷的现实是，减少收入无异于杀人。

更富裕意味着活得更安全。如果你收入更高，就有余裕购买更多降低风险的东西，比如更安全的汽车、自行车头盔、更好的医疗、更营养的食物。研究者发现，收入更高意味着死亡率更低，既因为你付担得起更多医疗，也因为你给孩子提供更好的机会。这些都意味着孩子更可能存活并茁壮成长。每人每年拥有价值6.9万美元的额外福祉会给你带来更多安全保障。用文献中的估算，到21世纪末，走可持续发展路径每年要比化石燃料发展路径多死三百万人。[12]

我们站在一条岔路口，前方是不同道路。害怕气候变化的心态，正在将我们推向可持续发展道路。它听起来像是我们需要的：尊重自然边界的更包容的发展，将我们的重点从经济增长上挪开，减少我们的消费。但是，结果是减少了价值500万亿美元的人类福祉。与化石燃料发展路径相比，穷人更多，不平等更显著，机会更少，数百万人更早死亡。即便扣除气候变化的损失，这依然是一条人均每年GDP少6.9万美元的道路。

走上化石燃料发展路径，并不意味着我们忽略气候政策。在第四部分，我们将讨论应该施行恰当的气候政策，确保我们*也能*

解决气候变化问题。但更重要的是，保证我们的其他决策也是正确的，此乃更宏大的全局观。

注意联合国所清晰勾勒出的这几种设想导致的未来，对我们避免坏的结果至关重要。这些未来几乎与气候无关。它们关乎大规模投资教育、健康和科技，尤其是为世界上最穷困的人。对气候变化的着迷，令我们忘记了这些简单的事实。

选择正确的道路，在自由贸易、创新和创造力的驱动、人力和社会资本的强劲发展、科技进步以及更多能源接入等方面将带来大量好处。如果我们选择了正确的道路，会给子孙后代带来多得多的机会。这些好处尤其能帮到世界上最穷的那部分人。在下一章中，我们将看到针对这一观点的论述。

第十章

气候政策如何伤害穷人

“**富人污染，穷人遭殃**”是《经济学人》(*The Economist*)杂志上的一则标题。确实，气候变化不为人知的一面是，尽管它主要不是由穷人造成的，但对发展中国家的伤害甚于对发达国家。部分是因为发展中国家经济更依赖容易受气候影响的产业，如农业；部分是因为这些国家常常已经处于更温暖的气候之中；主要是因为贫穷意味着适应能力更弱。[1]

气候变化导致多数发达国家会损失几个百分点的GDP，这的确是问题。但对最穷的国家，尤其是非洲国家来说，损失可能就大得多，也许要占到GDP的10%，这就是大问题了。

这种不公常常被当作实施更严苛气候政策的论据。“减碳三分之一，拯救贫困人口。”英国报纸《卫报》十年前就如此敦促。但现实是，今天的气候政策在解决与穷人相关的问题上，几无作用。[2]

在穷人日常深陷的一系列广泛的非气候问题上，气候政策也近乎没有作为。事实上，气候政策常常导致穷人生活*更糟糕*。对于美国和英国这样的发达国家如此，对于发展中国家，尤其是亚洲和非洲的发展中国家，更是如此。

当下狭隘的气候政策事实上让世界上最穷的国家走上了更慢的发展与繁荣之路。我们打着气候的名号在做什么呢?

什么时候发达国家民众会讨论发展中国家的问题?当出现自然灾难的时候。通常情况是,不论灾难是什么,都会归咎于气候变化,评论家迅速宣称要削减更多二氧化碳。不幸的是,这是一个无效到显得荒诞的政策。[3]

我们看看2013年袭击菲律宾塔克洛班市的超强台风海燕,它杀死了该市2700人,占其21.8万居民的约八十分之一。塔克洛班建在以风暴集中和猛烈著称的海岸平地上,已经遭遇过很多次灾难。1912年,一场路线和强度都与海燕相似的超级台风摧毁了塔克洛班,杀死了约6000人。但是那时候,塔克洛班要小得多,据估计约有二分之一的居民被杀死。[4]

海燕得到全球关注是因为全球的气候协商者齐聚波兰参加联合国年度会议,菲律宾代表声情并茂地诉说了他的悲痛。据《卫报》报道,他因此成为联合国气候会谈的脸面和"气候正义之星"。该外交官发誓在全球达成大规模削减二氧化碳的协议之前,自己将斋戒。但削减二氧化碳排放真的能帮助塔克洛班吗?[5]

之前我们看到,气候变化或可造成更少但更强烈的台风,减碳能稍稍延迟但不会消弭这些影响。即使是施行最极端的气候政策,温度也仍然会上升,只是稍微缓慢一点而已。台风依然会变强,只是没那么快到来。减碳只缓慢地影响温度上升,类似行动不会帮到今天或未来几十年的任何个人。即使大规模减碳也只能帮到未来的塔克洛班居民一点点:让更强的台风迟点到来。

如果我们不减碳,而是帮助塔克洛班大面积脱离贫困,帮助更多人不再生活在脆弱破旧的屋顶之下呢？这将改变如今大多数弱者的生活，增强他们应对灾难的韧性，当然也会大大提升未来世代的前景。

毫无意外，富人更有能力采取适应措施，保护生命和财产。一项 2016 年的研究显示，如果贫穷社区人均收入翻倍，自然灾害的死亡率就会下降*超过四分之一*。这告诉我们，收入增长塑造韧性。这也是为什么 1912 年穷得多的塔克洛班面对台风的死亡率（相对其人口而言）是 2013 年的四十倍。[6]

自 1992 年里约热内卢第一次气候峰会以来，全世界都在一直不停地讨论削减二氧化碳排放。想象一下，如果 1992 年我们把精力放在塔克洛班脱贫上，从 1992 到 2013 年，菲律宾的总体经济增长使人均 GDP 涨了三倍；如果我们*更*关注消除贫困，到台风海燕袭击的时候，GDP 可能已经合理地涨了四倍。这能拯救三百多条人命，反倒是气候政策，一个人也没拯救。

我必须直言不讳，选择气候政策而非经济增长不只是没用，它还意味着，更多本不必死亡的人死了。

随着塔克洛班和世界上其他脆弱地区越来越富裕，居民将能享受更好的住房、交通和基础设施。当然，台风袭击时的财产损失也会因此增加。尽管如此，投资适应措施意味着收入翻倍，损失占 GDP 的比例*减少* 30%。而且，繁荣程度的不断提升不只意味着有更多的资金用于适应措施，它还意味着有更多的资金投入教育、节育和投资；它意味着营养不良减少，婴儿死亡率减少。因为不断增长的繁荣，人们在各种维度上变好。[7]

相比之下，削减二氧化碳排放量在提高世界人口生活水平上通常是极其无效的。通过削减二氧化碳，哪怕是非常大幅度地削减，全球温度依然显著上升，只是速度稍微慢点。这就是说，不论你想解决什么气候相关的问题，这些问题依然会更糟，只不过程度会稍微减轻点而已。

担心干旱？削减二氧化碳不会减少干旱风险——最多也只是让干旱增幅没那么快。

担心洪水、热浪或者其他众多气候影响？结论也是如此。你最多只能稍微延缓问题发生的时间，但要付出极大代价。

我们需要睁开双眼看到更多的解决方案，因为我们知道让人们脱贫影响非凡。让人们在几十年的时间里变富，意味着遇到任何规模的风暴，都会伤亡更少、损失更少。

显著提高收入能减少因气候变化导致的飓风、干旱和洪水造成的伤害。而且，即便我们完全阻止了气候变化，自然灾害也一直都有，以后也一直有。增加收入不仅有助于应对全球变暖造成的自然灾害，还能帮助减少本来就会造成的损害。[8]

对于世界上的穷人而言，气候政策往往比无效更糟糕，它们具有破坏力。

拿营养来说。气候活动家常常指出温度更高让人们更饿，所以需要大规模减碳。但是一项 2018 年发表在《自然气候变化》(*Nature Climate Change*) 上的综合性研究表明，相比气候变化本身，采取强有力的全球气候变化行动造成了更大的饥饿和粮食安全问题。[9]

科学家使用了涵盖整个地球的八个农业模型，分析从现在到 2050 年间粮食安全的不同情形。跟气候变化模型使用的方式类似，一个经济模型可能反映了某群特定研究者过于乐观或悲观的假设，所以最好是对这些模型进行广泛的研究，然后取平均值。

整体上，这八个模型给了我们欢呼的理由：模型表明，平均来看，不考虑全球变暖，预计从当下到2050年的经济增长将极大地减少饥饿人口，从如今的将近8亿人，降到彼时的2亿人。但我们也能通过模型看到气候变化的影响。模型显示，温度上升意味着食物产量降低，食物价格上涨。到2050年会多出2400万本不该挨饿的人。

听起来似乎是强力推行减碳气候政策的好理由。强力的减碳政策确实可以降低一些额外的饥饿风险。如果气候政策毫无成本就能减少温度的上升，那本可能因为气候变化挨饿的2400万人中就有1500万人可以获救。

不幸的是，正如我们所见，激进的气候变化抑制政策并非没有代价。其中最大的影响之一是能源价格，它伤害穷人最深。事实上，气候政策的成本不仅影响家庭，还影响农业生产者、食物制造者和交通产业。这意味着，到2050年，食物价格预计上涨110%。而这造成的总影响是，7800万人会被迫挨饿。

也就是说，坚持通过导致食物价格上涨的气候政策减碳，而不是打开眼界寻找帮助人类和地球的最佳方法，会导致额外的5400万人挨饿。这就过分了。[①]

---

① 事实上，这里所说的还不包括二氧化碳肥料，因为这听起来更“正常”。如果我们把二氧化碳肥料包括在内（本该如此），强力的气候政策就更不可能是解决饥饿的合理方案了。气候变化的净影响最终将是有益的，因为二氧化碳肥料降低的食物价格会超过温度上升造成的涨幅。总体上，全球变暖会意味着到2050年少1100万人挨饿。试图通过削减二氧化碳限制气候变化将不再解决问题，反而阻止人们受益。当然，激进的气候行动将提高食物价格，让更多人陷入饥饿。在这些更现实的假设下，气候政策不再是解决方案，将总体上造成7700万人挨饿。——作者注

《巴黎协定》不仅昂贵且基本无效，它还意味着将使更多人陷于贫困。一项2019年的研究发现，在《巴黎协定》之下，减碳的大量成本将导致全球贫困人口*增加*大概4%（与不履行《巴黎协定》相比）。研究者发出严峻的警告，强力的气候政策会阻碍发展中国家的脱贫进程。[10]

我们来看看世界上最穷的大洲非洲，该洲将受到全球变暖的冲击尤甚。我们在第九章中看到的可持续发展和化石燃料发展路径再度显示了两种分叉的未来（见图10.1）。对非洲来说，可持续发展方案下，从2020到2100年，收入上涨20倍，而化石燃料发展方案则上涨33倍。当然，气候活动家会立刻反驳："但是气候变化会摧毁非洲。"

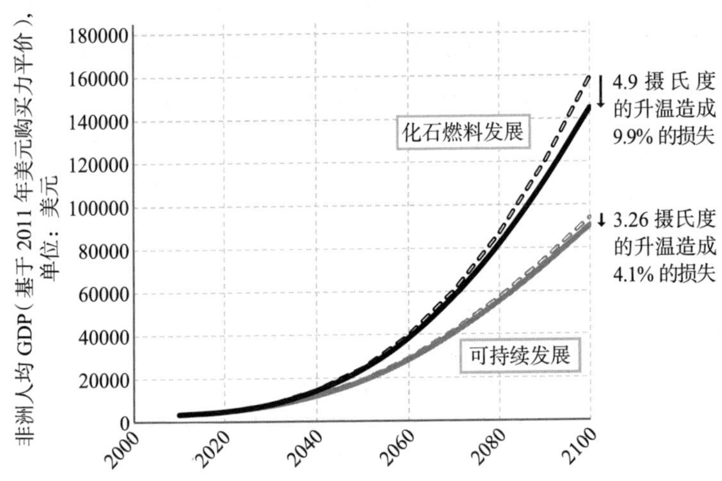

图10.1　联合国可持续发展路径和化石燃料发展路径下的非洲人均GDP[11]

虚线显示的是按美元计的人均GDP。因为温度更高也意味着气候损失更多，实线表明扣除了气候损失成本后的福祉。

使用威廉·诺德豪斯的区域定义气候变化成本模型，我们能够发现气候变化对非洲的影响整体上是负面的。显然，与其他地方相比，非洲受到全球变暖的伤害最深，在温度上升更高的化石燃料发展路径中，非洲将损失更多。2100 年，如果我们走可持续发展路径，非洲将因全球变暖损失 4.1% 的 GDP；如果选择化石燃料发展路径，将会在更热的世界里损失更多，到 2100 年 GDP 减少 9.9%。[12]

有些事情是显而易见的。如果我们走可持续发展道路，非洲人因气候变化丢失的财富少了很多，但如果我们走化石燃料发展道路，非洲人*总体上*会富裕更多：2100 年比 2020 年富裕 30 倍。相比之下，走可持续发展道路他们只富裕 19 倍。选择这条道路，非洲人人均每年要损失 5.5 万美元。

真相是，气候变化在决定未来福祉上起到的作用相对较小。显然，如果我们只是想减少温度上升的影响，其实就忽视了非洲能获得未来福祉的最重要因素，如教育、健康、科技和丰富的能源。

用意良好的气候政策也有间接的影响。活动家曾宣称温度上升将导致疟疾病例更多，因为滋生蚊子的温暖地方增多。我们现在不常听到这种担忧了，人类在消灭疟疾上取得了重大成功，在过去十五年里减少了一半死亡。这要归功于驱蚊药具、室内杀虫剂、疟疾治疗手段等方面的进步。想象一下，如果我们没有重视这些简单的措施，而是把精力全放在削减二氧化碳排放上，每年还会有 84 万人死亡，比如今要多 40 万，而我们还在等待着微薄的减碳产生微小的影响。[13]

相反，社会脱贫是消灭疟疾极为重要的路径。一项研究显示，当每年人均 GDP 达到 3100 美元，个人就拥有了足够的资源。如果大众都买得起治疗疟疾的药物，该疾病基本可被消灭。[14]

尽管如此，减碳活动家仍然宣称《巴黎协定》是帮助解决疟疾等健康问题的重要方式。世界气象组织（World Meteorological Organization）在一次以《巴黎协定》为主题的会议上专门讨论了相关的健康问题，宣称实施该协定是提升健康的关键，其中就包括解决疟疾。就连知名医学期刊《柳叶刀》也发表了两名医生的评论，反对特朗普政府退出《巴黎协定》，称气候变化对疟疾的作用是影响健康的重要因素之一。但是，《巴黎协定》对疟疾并无明显的影响，因为它造成的温度变化非常小；事实上，其总体的影响很可能造成*更多*疟疾病人死亡。

可以肯定的是，我们知道全球上一份气候协约《京都议定书》（Kyoto Protocol）就是如此。该协定认为，如果我们在 21 世纪未来时间里实施此协定书，就能通过温度下降减少大概 40 万的全球疟疾死亡人数。但是发达国家实施《京都议定书》也会稍微减缓非洲贸易伙伴的增长，致使他们陷于贫困的时间更长。[15]

较低增长的负面影响造成额外的 60 万疟疾死亡人数。因此气候政策任性地导致*更多*人死于疟疾，因为延迟了国家通过变富消灭疟疾的时间。

我们曾遇到这种情况，以气候变化的名义实施造成重大伤害的政策。20 年前，一股生物燃料热席卷发达国家，全球生物燃料产量在 21 世纪头十年涨了五倍。生物燃料是用作物而非化石燃料制作，所以原则上并不会增加二氧化碳排放。发达国家忙着制定目标促进更多生物燃料使用，帮助减少碳排放。欧盟一马当先，规定成员国在 2003 年通过立法，到 2010 年用生物燃料取代占所有化石燃料 5.75% 的交通燃料。发展中国家，甚至身陷饥荒的国家，也被敦促种植可产乙醇的作物而非粮食作物。[16]

这一运动起初得到了许多绿色团体的全力声援，被称赞为从化石能源转型的举措。但是，其负面影响比多数人预想的更大。据行动救援组织（ActionAid）计算，填满一辆休旅车油箱所需的生物燃料的作物量，足够喂养一个孩子一整年，每加仑（不到 4 升）生物燃料能抵得上 40 顿饭。[17]

生物燃料的剧增不可避免地造成了食物减少，食物价格上升：《卫报》获得的一份世界银行机密报告显示，生物燃料使全球食物价格上涨 75%。涨价的结果是毁灭性的。2008 年食物价格第一次上涨之后，联合国食物权（right to food）特别报告员奥利维耶·德许特（Olivier De Schutter）宣称，一场“沉默的海啸”已经让一亿人陷入贫困，让 3000 万人陷入饥饿。世界银行后来估算在 2010 年 6 至 12 月间，额外有 4400 万人因为食物价格上涨而掉落极端贫困线之下。[18]

许多环保团体开始软化或者撤回对生物燃料的支持态度。号召激进气候行动的活动家越来越惊恐。《卫报》专栏作家兼狂热的气候活动家乔治·蒙比奥特（George Monbiot）称对生物燃料工业增长的补贴是“对人类的犯罪”。但是，即使是众人反水之际，既得的农业利益也导致坏政策几乎无法被推翻。[19]

似乎我们并没有从近期的历史中吸取到什么教训，因为我们正一头钻进类似的伤害穷人的新政策里。

真相是气候政策伤害了每个地方的穷人，即使是美国这样的国家，更高的能源价格也对穷人产生了不成比例的负面影响。普遍来说，发达国家的穷人把有限资源更多地用来支付电费和取暖费。一项 2019 年的研究显示，美国低收入消费者的电费占总支出的比例比高收入消费者多 85%。气候政策推高电费，对穷人的伤害远甚于对富人。[20]

这是富裕的精英可以毫不介意地说"我们应该把油价提高到每升 5 美元"的原因之一——他们轻轻松松就掏得起。财富通常聚集于城市，城里人车开得也更少。当然，西弗吉尼亚亨廷顿市为生活挣扎的单亲妈妈却有非常不同的体验。

美国各地仍有很多人为支付能源账单而挣扎。国际能源署估计，9% 的美国人，即 2900 万人处于"能源贫困"，其收入超过 10% 花在了能源上。这意味着贫困的美国人常常为了取暖（或降温）而不得不放弃其他基本需求。[21]

一项 2019 年的研究显示，高价能源真的可以杀人。研究者探究了 2010 年左右发生的自然实验，彼时水力压裂技术导致天然气开采成本骤降。天然气供应量大幅上升降低了家庭取暖的价格。居室寒冷是冬天死亡的首要原因：室温低和中风、心脏病、呼吸道疾病风险的增加具有强关联。所以降低能源价格足以救命。研究估计，降低能源价格*每年*能在寒冬中拯救 1.1 万美国人的命。[22]

如果气候政策起作用，就将推高能源价格，降低能源消费。所以气候政策会导致因水力压裂技术而降低的能源价格再度上涨。人们的取暖能力降低，随后的死亡率也再度上升。[23]

高价能源即便在发达国家也对穷人有很大的影响。在英国，富裕家庭在能源上的花费占收入的 3%，而穷人家庭则占 10%。活动家赞扬英国的电力消费降低，但这主要是因为费用飞涨。日趋严格的气候立法，导致10年间英国的实际用电成本上涨了62%，而这一期间人均收入只涨了4%。毫不意外，几乎所有用电减少都来自穷人，减少的使用量远远多于平均，而本来用电就远甚于穷人的有钱人，几乎没有削减。[24]

能源价格上涨对老人的打击尤为严重，因为他们常常只能靠低收入生活。一项英国的民意调查显示，三分之一的老人，家中至少有一部分区域没有供暖，三分之二的老人称自己不得不靠多穿几层衣服来御寒。[25]

在世界上最穷的国家，坚持限制未来使用化石燃料的做法造成的损失甚至更重，因为便宜且易用的电是能救命的，是脱贫的最佳方法之一。

但是，许多将帮助穷人视为主要目标之一的发展组织（其中最知名的当属世界银行），把越来越多的援助用于所谓的“气候援助”或“气候相关的发展”。这些都是模糊的术语，但其意思常常是把更多的钱用在建造太阳能微电网（microgrid），并直接拒绝资助任何化石燃料相关的项目，比如新的煤炭发电厂。

全球发展中国家资助资金中气候相关项目的比例（见图10.2）清晰地表明，大概从2005年开始，气候援助占比急剧上升。

气候援助只有一点点用处。还记得印度村庄达尔奈吗？那里的村民想要“真正的”电来驱动冰箱、炉子和凌晨能用的灯。研究显示，总体上，用于太阳能板等气候项目的援助，跟营养、健康、性别、教育和基础设施的投资相比，产生的收益属于最小的那种。[26]

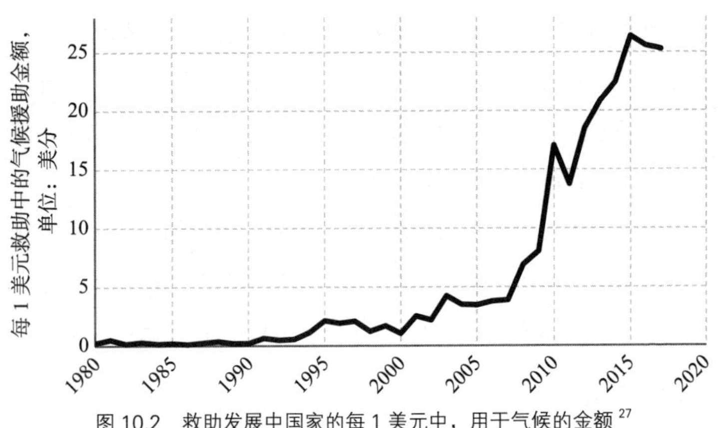

图 10.2　救助发展中国家的每 1 美元中，用于气候的金额[27]

国际能源署预计在未来十年有 1.95 亿人首次使用能源。这是好事。但是他们只能得到非常少的电力，主要是离网的太阳能电而不是以化石燃料能源为主的公网电。事实上，他们平均每年只能得到 170 千瓦时的电量，相当于美国一台平板电视一年用电量的一半。设身处地地想想，如果你一年只能用 170 千瓦时的电，生活会是什么样。这点电不够驱动工厂或农场，所以也就无法减少贫困或制造就业。这点电甚至不够把暖气或炉子烧热，用来冲抵生火导致的烟雾和污染，而烟雾和污染每年夺走 160 万条生命。这点电甚至不够维持一台电冰箱的运转。对穷人来说，这点能源难以改变生活。[28]

相反，一项孟加拉国的研究表明，在孟加拉国及全球大部分国家，使用化石燃料的公网电对家庭收入、开支和教育有着显著的积极影响。它意味着新接入公网电的家庭收入平均增长 21%，在九年时间里，贫困率降低了 13%。[29]

不幸的是，许多政治领导人断定，在援助穷人的时候，气候变化因素高于贫困。此论大谬，也拖了帮助穷人的后腿。

2016 年，一项探究了孟加拉国能源选择的研究发现，建造更多的煤炭发电厂在未来十五年内会造成全球气候 5.92 亿美元的损失，但是通电的收益则是 2580 亿美元，高了 400 多倍，相当于该国一年多的 GDP。到 2030 年，孟加拉国人均将变富 16%。[30]

以减少气候变化影响的名义拒绝孟加拉国从中获益，实属傲慢：我们每避免 23 美分的全球气候损失，就是在要求孟加拉国放弃 100 美元的福祉。而孟加拉国的能源短缺预计造成 0.5% 的 GDP 损失，陷 2100 万人口于极端贫困之中。[31]

2017 年瑞士达沃斯世界经济论坛年会上，美国前副总统阿尔·戈尔反对在孟加拉国建造煤炭发电厂的计划。值得欣慰的是，孟加拉国总理谢赫·哈西纳（Sheikh Hasina）予以反击，他指出："如果你无法改善自己人民的经济状况，那又怎么拯救你的人民呢？我们必须保障食物安全；我们必须为他们提供工作机会。"[32]

谢赫·哈西纳是对的。选择昂贵的减碳政策，或者坚持绿色发展的方式对于华盛顿特区或法国巴黎的全球精英来说似乎是简单的选择，但这些抉择的重担不公平地落在了穷人肩上，尤其是赤贫者。他们需要的是更多能源，而不是西方的道德说教。

富人虔诚地宣称我们应该通过减碳帮助穷人，此举只会让穷人的未来稍微没那么糟，而同时我们却拥有大量机会，可以让他们的生活好得多、便捷得多、高效得多。

如果你是穷人，在建造结实的、能抵抗飓风级别大风或洪水的房子上，你的能力就相对较弱。你购买空调以适应气温上升的能力也相对较弱。但如果你是穷人，你也会缺少资源，无法从易治疗的疾病中拯救孩子，为他们提供足够的营养，教育他们，让他们居住在安全的社区，保证他们不暴露在空气污染中，等等。

真相是，贫穷百事哀。遭遇由气候变化引发的自然灾难只是众多因贫穷而遇到的问题之一，也恰好是那种即便我们投入万亿也最爱莫能助的问题之一。如果我们在气候上花很多钱，解决穷人其他问题的钱也就少了，而在那些问题上我们本可以帮得更多。

当下全球大约有 6.5 亿赤贫之人。我们来做一个思想实验，思考一下这些人全部脱贫需要多少钱。（事先声明，我们要记住，一个人一天的生活费用从假设的 90 美分提升到 1.9 美元出头，他仍然还是非常穷——而实际这些钱的总额加起来是非常惊人的。）结果是，若要地球上*每个人*都脱离极端贫困，理论上的成本少于每年 1000 亿美元。[33]

将此与我们当前的轨迹相比：我们承诺每年花 1 万亿到 2 万亿美元在几乎完全无效的《巴黎协定》上。每个*月*花的钱跟让*每个人*脱离极端贫困的钱一样。我对此感到厌恶。随着发达国家承诺实现碳中和，气候政策的成本将暴涨到每年数十万亿美元，但在一个世纪的时间里只能小幅度改变温度。而这些高企的额外成本，只需取出其中几天的量，就足以消灭整个世界的极端贫困。

气候上的危言耸听也常常导致我们采取那些本意善良的政策，但挤掉了对人们助益更多的其他有效方式。总结起来就是：当我们看到营养不良的孩子，或者被飓风席卷的城镇，并严肃地建议应该削减二氧化碳的排放以让生活更美好的时候，我们并不是真的在做好事，而是在把我们认为重要的事项施加在那些没什么权力贯彻自己优先事项的人身上。人们变得太容易相信减碳政策是万能钥匙了，但这些政策并不是。我们需要停止实施让穷人为我们的错误买单的政策了。

实行了三十年的气候政策并没有遏制温度上升或减少碳强度——即我们生产每单元能源所排放的二氧化碳量。发达国家发生的所有个人好心之举，比如买电动汽车、成为素食者，都不过是种姿态罢了。重中之重是，《巴黎协定》已经将我们集体推上一条代价巨大但气候收益极小的道路，其中穷人受伤最深。

迄今为止，人类在如何不解决气候问题上表现非凡。我们花了三十年的时间尝试完全行不通的各种类似的方法，一遍又一遍。政客奔赴一个又一个气候峰会，气候活动家敦促他们作出愈加荒谬的许诺。我们受够了。

解决气候变化，让世界更美好，一些明智的政策可以做到。我们将在下一部分展开讨论这些政策。

第四部分

如何解决气候变化

第十一章

碳税：基于市场的解决方案

是时候承认目前解决气候变化的方法并不奏效了。更多的抗议和承诺，更多的太阳能板和风力涡轮机，更多的补贴，都只是隔靴搔痒。我们需要抵挡住活动家、绿色游说者和民粹政客短视的呼吁——叫我们加大投入，承诺减更多的碳。经过三十年的失败，我们需要说："够了。"

好消息是，存在着更明智、更有效的政策选项。我们应该寻找并贯彻有效减碳的方法，不仅是成本越小越好，还要让减排利大于弊。但我们也要利用人类最佳潜质——创新精神和创造力，从而产生新的解决方案。

在本部分，我们将勾勒出多数人能够同意的五大关键政策，因为它们是应对气候变化明智且有效的方式。

第一个解决气候变化的方式是有效贯彻二氧化碳排放税，通常简称为"碳税"（carbon tax）。首先，我想聚焦于为什么我们应该推出碳税，然后再阐述碳税应该设置在什么水平。

碳税能大力减碳，因此可用相当低的成本限制住全球变暖最具破坏力的影响。这并不是一个有争议的方式。多数经济学家都同意，要减少气候变化的最大伤害，对二氧化碳排放课税是最为有效之举。二氧化碳排放就是进行生产行为（如收割作物、抽水、冷藏药物）时燃烧化石燃料的副产品。好处归于排放的个人或公司以及所制造产品的消费者，但副作用（二氧化碳排放及其对温度的影响）则扩散给了一大群人。

这是“市场失灵”的经典案例：一个人得到了好处，别人得到了大多数坏处。类比一下，想象一下你在家中的壁炉里烧火，产生大量又恼人又肮脏的烟雾，烟灰到处都是，甚至导致你咳嗽。如果你造个高烟囱，就能解决该问题，对你来说是这样，但你把烟分给了更多的人。问题本身并没有得到解决。

围绕气候变化的市场失灵，有诸多解决方案。市场运转的核心在于价格，价格可以传递我们所需的全部信息。当你坐在一间餐厅点野生三文鱼，不需要知道现在是不是阿拉斯加捕捞三文鱼的合适季节，大海是不是波涛汹涌，船航行到港口是不是尤其困难，厨师是不是有经济问题，你只用盯着价格选择就行，价格已经把所有这些因素都汇总成了数字。当有些成本没有在最终价格中呈现的时候，市场失灵就出现了。比如说，把鱼带到市场上的捕鱼船、飞机、卡车会排放二氧化碳，所有这些会造成一些气候问题。

市场失灵的一个解决方案是，禁止使用化石燃料。此举非常低效，因为这意味着人类为了避免气候变化的负面影响，要放弃化石燃料带来的任何益处，不论大小。

另一个解决方案是一系列监管措施：政府规定船只的二氧化碳排放量，限制航班，决定什么货物可以运往何处，控制卡车运送三文鱼的行驶距离。但是为了控制二氧化碳的排放，政府实质上需要管制经济的方方面面，每一项监管都有成本：用更多的官僚作风把企业和公民束缚了起来。要做到这些，代价可谓巨大。

相反，经济学家指出，我们可以用相对宽松的方式纠正市场失灵，给排放的二氧化碳增加成本，确保任何产品或服务（其中包括我们在餐馆里正在点的鱼）的价格包含了其造成的气候伤害。这本质上就是碳税的作用。它迫使你考虑购买的物品会带来怎样的气候损害，让你权衡其中利弊。

我们想想吃三文鱼会有哪些环境损害。在鱼从海里到餐桌的过程中，每个阶段，都产生碳排放。有了碳税，捕鱼公司就要为燃料多付一点钱。把三文鱼运出阿拉斯加的交通公司也可能需要多付不少。甚至在厨房里嫩煎三文鱼，也要多付一点成本，因为餐馆付了稍微高点的天然气价格。碳税不仅鼓励市场的每个参与者提高效率，也分摊了成本。最终，你作为消费者在餐馆里支付的额外价格反映了所有额外的“碳伤害”。

现在，如果你真的喜欢新鲜的阿拉斯加三文鱼，就要付出额外的成本。但是由船只运输的冷冻三文鱼比飞机运输的二氧化碳排放要少得多，额外的税也就少得多。所以为了省钱，你在超市购买冷冻鱼片自己在家做。本质上，二氧化碳税让你发现，享受新鲜三文鱼的快乐，并不能抵消碳排放增加导致的负面影响，它促使你改变了选择。

如果碳税水平设置得当，可以纠正市场失灵，让现在的价格不仅反映鱼有多难捕捞和运输，还能反映过程中的碳排放量。事实上，它不只向消费者显示哪些产品是碳密集型，应该减少使用，还能帮助能源生产者实现更低的二氧化碳排放（也许是通过更多依赖太阳能和风能），它还鼓励创新者想出全新的低碳工艺和产品。[1]

不幸的是，课以碳税的另一个后果是，每个人都稍微穷了一点点。它迫使个人和公司使用更昂贵的技术和燃料。这对我们讨论如何设定碳税至关重要。碳排放伤害气候，造成长期成本。气候政策通过碳税减少成本，但同时也会对经济造成伤害。气候政策意味着我们必须兼顾两种成本，所以必须确定好碳税的水平，最小化两者的成本。[2]

和其他任何税种一样，碳税的征收水平可以由政府自行决定。政府如何决定合适的碳税呢？忽略气候变化，不设置碳税是有代价的，但是夸大气候变化的影响、课以重税同样也有代价。

如果不设置碳税，我们将在未来的几个世纪里承受气候变化的全部冲击。在第七章，我们看到 2100 年的成本将是 GDP 的 3.6%，在 2100 年前的 80 年，以及之后遥远的未来，也有成本。使用诺德豪斯的模型，把接下来五个世纪的所有成本加在一起，账单金额是 140 万亿美元。图 11.1 中最上方的一栏，显示了在没有任何气候政策的情况下，气候变化损害的全球总成本。[3]

对所有国家、所有物品施加同一种碳税，能最有效地减少气候变化的伤害。这样，生产者就不能把碳排放转移到另一个国家的另一座工厂，因为大家都面临同样的成本。实现全球统一标准意味着所有国家都要给碳排放设置同样的碳税。当然，全球同一种碳税实现起来困难重重（我们将在下文讨论如果无法做到将发生什么），但是这是最好的方式——比各国单独行动、制定不同水平的碳税要有效得多。此外，几乎所有气候经济模型都用全球统一的碳税来观测世界变化。

重点要提的是，碳税不是永远设定在一个水平。从低开始、慢慢增加的碳税能用更低的成本削减更多的排放量。这既是因为科技发展会使未来的减碳成本更低（诺德豪斯的模型里也包含了此创新），也是因为未来的温度和伤害都更高或更大时，减碳更有价值。[4]

如果我们的目标是到2100年把温度上升控制在3.5摄氏度，可以用诺德豪斯的气候经济模型，找到实现此目标最有效的、不断增加的全球碳税。正如图11.1所示，如果碳税成功推行，气候变化成本会从140万亿美元降到87万亿美元。

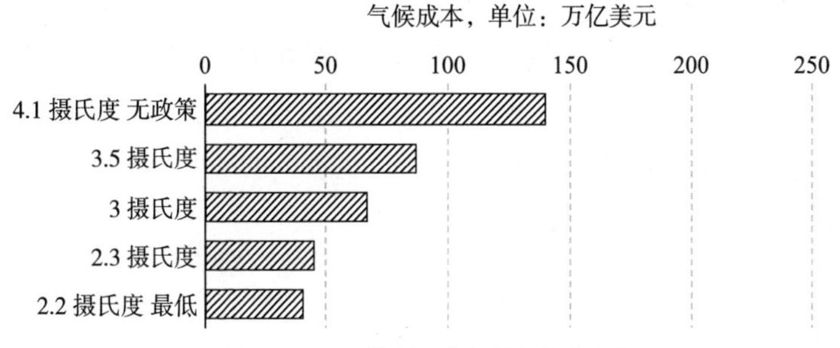

图11.1　不同情形下的气候变化成本[5]

2010—2100年不同温度上升情形下，全球未来500年的气候变化成本，使用诺德豪斯动态气候经济模型（DICE）计算得出。

但是假如我们的目标是到2100年将温度上升控制在3摄氏度，那我们就需要更高的碳税实现更低的温度上升。如果成功实施，能把气候变化损失的成本减到67万亿美元。

我们用越来越高的碳税减少越来越多的温度，气候变化的损失就降得越来越低。如果我们把温度上升控制在非常低的2.2摄氏度，气候变化损失的成本就能减掉约三分之二，降到40万亿美元。显而易见，我们应该尽可能地降低温度，因为那样气候变化损失的成本是最低的。实际上这是大多数气候政策辩论开始和终结的地方：温度上升不好，因此我们要尽可能使之降低。但是，记住还有第二个成本：通过碳税降低温度会减少经济产出。我们称之为气候变化的政策成本。

为了在气候变化的辩论中更理性、更务实，我们需要意识到，两种成本我们*都*要支付：气候变化成本*和*气候政策成本。温度上升的幅度越小意味着气候政策的成本越大。

在图 11.2 中，我们看到气候政策成本在不同情形下会发生什么。假设从 2010 年开始，我们不推行新的气候政策，这意味着我们延续了全球 2010 年之前实施的少数气候政策，但是全球所有政府不再推行新政策实现在巴黎或其他地方作出的众多气候承诺，威廉·诺德豪斯的动态气候经济模型显示，这么做将导致到 2100 年温度上升 4.1 摄氏度，但新气候政策的成本为 0，如我们在图 11.2 的第一栏所见。[6]

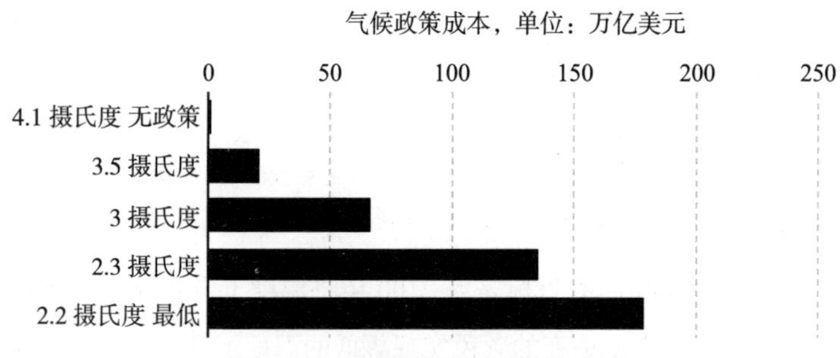

图 11.2　不同情形下的气候政策成本[7]

2010—2100 年不同温度上升情形下，全球未来 500 年的气候政策成本，使用诺德豪斯动态气候经济模型（DICE）计算得出。

然而，如果我们想把到 2100 年的温度上升限制在 3.5 摄氏度，模型显示实现目标的最高效方式是，将 2020 年的全球碳税设定在每吨二氧化碳 36 美元，并在 21 世纪末上升到 270 美元。这意味着能源更加昂贵，总共将造成21万亿的成本。图11.2的第二条就是气候政策成本。[8]

随着气候变化政策的雄心越来越大，其成本也在增加。到2100年把温度上升控制在2.2摄氏度，要求全球碳税几乎立刻上涨到每吨二氧化碳500美元。这样的碳税水平会怎样影响你的生活呢？嗯，你可能要为每升汽油额外付1.2美元，其他所有含能源的物品，都会有类似的影响。而且鉴于碳税是全球税种，世界上的每个人，即便是发展中国家，都得付出同样的额外代价。在这样的价格之下，二氧化碳排放在十年内基本被消灭。这项政策的成本不出所料将是非常昂贵的177万亿美元。（注意我们没有包括达成2摄氏度目标的成本，因为在现实的科技水平下，达成该目标似乎不可能。）[9]

制定气候变化政策时，气候变化成本和气候政策成本*都*要考虑，现在让我们把两者放在一起，如图11.3所示。图左侧阴影条柱表示气候变化成本，随着气候政策的日益严苛处于下降趋势；右侧黑色条柱表示气候政策成本，随着政策的日益严苛逐渐增加。

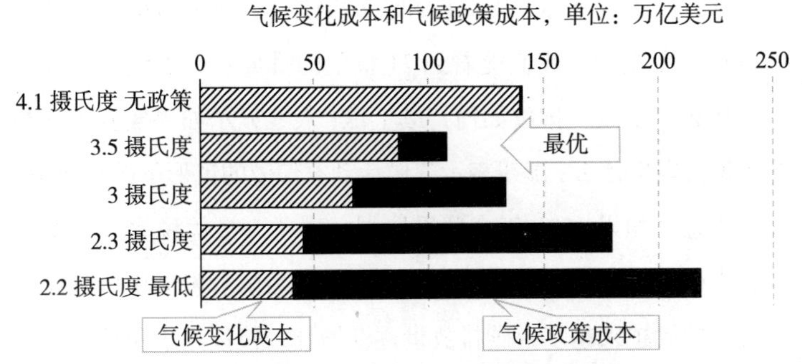

图11.3　不同情形下的气候变化成本与气候政策成本[10]

2010—2100年不同温度上升情形下，全球未来500年的气候变化成本和气候政策成本，使用诺德豪斯动态气候经济模型（DICE）计算得出。气候政策不可能在所有国家和几个世纪内有效实施，政策取最佳执行水平（总成本最低）。

把不同水平的成本加在一起，我们可以看到气候政策何时能达到*最佳*效果：当气候变化成本和气候政策成本*加起来*是最低时。这是综合成本最低点。如果我们降温超过这一点，气候政策成本就会比避免的气候变化成本上升得更快；如果我们削减的碳排放量低于这一点，气候变化成本的增长就会快于节省下来的气候政策成本。

在诺贝尔经济学奖获得者威廉·诺德豪斯的经济模型中，如果我们把到2100年的温度上升维持在3.5摄氏度，将达到最优点。温度上升3.5摄氏度时，气候变化成本将是87万亿美元，气候政策成本将是21万亿美元，总成本是108万亿美元：这是能够实现的最小可能总成本了。[11]

许多活动家认为，允许温度上升3.5摄氏度是远远不够的。但那只是因为，人们已经习惯讨论成本高得惊人乃至不可能的温度限制，比如2摄氏度或1.5摄氏度，而不考虑其成本或合理性。

看看图11.4中3.5摄氏度和2.3摄氏度的政策目标所需的减排量吧。在左侧，我们能看到21世纪的排放量。黑线显示如果我们什么都不做，排放如何持续上涨；灰线显示如果实施上述最优碳税会发生什么；虚线表示气候活动家偏爱的情形下的排放量。

注意，如果2020年全球采取同一碳税，最优税率会立刻减少碳排放量。这将是令人惊艳的成就。然后随着发展中国家越来越富，排放越来越多，碳排放量逐渐增加，仅仅几十年后，排放量又会开始减少，到世纪末低于预期水平的五分之一。

*如果*世界成功实施碳税，将产生翻天覆地的影响：2100年，全球每年排放量比不实施碳税时要多削减80%。即使最初几十年削减

幅度较小，整个世纪的总削减量也将是不施碳税的一半。[12]

尽管如此，因最优碳税引发的强力减排对气温的影响（如图11.4右侧所示）是相当小的。到2100年，温度上升将从3.5摄氏度减到3摄氏度。这是因为地球气候有相当大的内在惯性，即使有相当多的减排量，也只能转化为相对小的温度变化；即使我们减少了每年的排放量，总二氧化碳排放量还是在增加，只是速度更慢罢了。还记得那个浴缸的比喻吗？即使我们倒入的水少了，水面还是在上升。

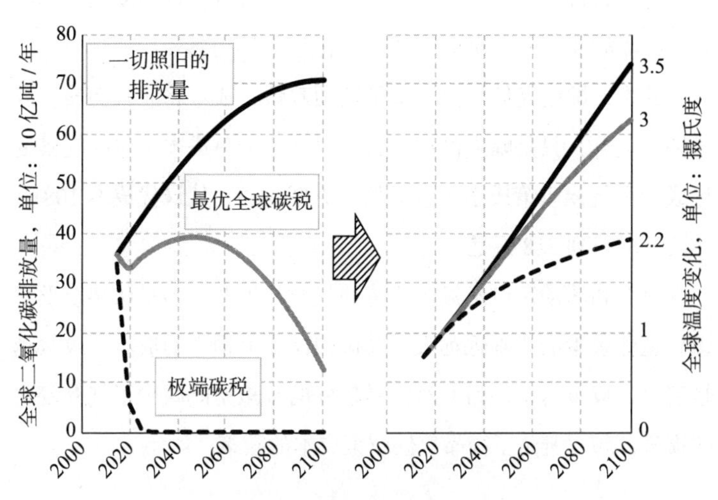

图11.4　到2100年不同水平碳税带来的不同影响[13]

左图是21世纪剩余时间里，三种可能的排放情形。黑线是如果我们什么都不做的情形。灰线是上述的最优全球碳税情形。虚线是气候活动家最喜欢的情形，即到2030年消灭二氧化碳排放。右图是这三种排放场景下的温度上升。

此外，实现这种程度的降温，要求全世界采取相当激进的碳税，到21世纪末达到每吨二氧化碳征收270美元税。这相当于普通美国司机每升汽油多付0.63美元，在其他化石燃料的能源使用上也会是类似的高价。更重要的是，每个中国人、委内瑞拉人和尼日利亚人也都不得不为每升汽油多付 0.63 美元，其他化石燃料也面临类似的高价。这可很难说服人。

但是，能跟最有野心的“2.2 摄氏度气候政策”相比，这简直是小巫见大巫：在十年里全球禁止使用化石燃料。首先，此政策在全球真正施行很难。试想一下，告诉美国人到 2030 年他们的汽车不能用汽油了，卡车或火车不使用化石燃料，没有煤炭或天然气发的电，没有塑料，没有混凝土，没有化肥，等等；现在，试着想象告诉中国人关掉 80% 的发电站；或者告诉印度人和非洲人，必须放弃丰富、便宜、可靠的电力。

其次，即使我们设法实施了这项政策，成本将非常高昂。温度持续上升，只是幅度没那么大，但社会的总成本（包括气候变化成本和气候政策成本）将翻倍（见图 11.3，从最优成本 108 万亿美元增长到 218 万亿美元）。

政客和活动家讨论极端严苛的气候政策时，不承认甚至没意识到这些政策的成本远远大于其试图减少的损害的成本。政策越是宏大，成本越是高昂。对世界最好的政策是既减少了气候变化的损害，*同时*避免了高昂气候政策成本的政策。

不幸的是，最理想的气候政策要求全球协作推行碳税，而这只有在童话世界才可行，现实生活中永远不会发生。它要求政客设定看似理性的、日益昂贵的碳税，在未来 80 年里覆盖地球上的每个人。仅仅在美国，就做不到将此政策一以贯之地实行 80 年。在未来 80 年，美国有 40 个不同的国会，可能产生 20 个不同的总统。

税收不是根据全球情况协同而精准地设定或调整的。相反，它们是根据政治投机、舆论风潮和政治障碍制定或取消的。看看法国，总统埃马纽埃尔·马克龙（Emmanuel Macron）2018年在“黄背心”抗议之下撤回了每升3.4美分的“绿色”燃料税。看看美国的特朗普总统、巴西的雅伊尔·博尔索纳罗（Jair Bolsonaro）以及其他在气候政策上改弦更张的政客。[14]

认为气候政策会遵循最优路径实乃天方夜谭。在未来80年乃至更久以后，中国、印度、美国、伊朗、沙特阿拉伯、欧盟等全球所有国家、地区和组织统一征收稳步增长的全球碳税的可能性为零。现实世界中有的国家碳税设置得高，有的设置得低，所有国家都随着地方事件和政治压力对碳税进行调整。这也意味着，任何实际的碳税都比用全球单一碳税模拟的纯理论模型的花费更加昂贵。

气候政策能多昂贵，我们是有所了解的。首先，我们知道发展中国家可以实现最便宜的减碳。不幸的是，大多数减碳都发生在发达国家。单这一点就让成本翻倍，因为我们坚持在成本最高的国家减碳。[15]

其次，政客常常选择无效的气候政策。正如我们在第八章所见，欧盟的气候政策成本翻了番，因为政客并不会作出最有效的选择，而是一味地偏爱某些产业。类似地，包括纽约州、加利福尼亚州和夏威夷州在内的美国很多州，气候政策的大部分都基于可再生组合标准。经济学家称，这项法规比原本最高效的政策贵了至少一倍。[16]

因此，可以合理地预计，气候政策的真实成本将*至少*是我们在图11.2和图11.3中所用模型的两倍。（事实是仍远远低估了，因为有证据表明，发达国家和发展中国家的协作和欧盟、加利福尼亚州等组织和地区糟糕的政策执行，导致二者的成本都会翻倍，也就是说，真实花费可能是最高效成本的四倍。）

为了应对现实世界，我们可以再次通过诺德豪斯模型运算，但这一次允许政策成本达到两倍。跟之前一样，到 2100 年，随着我们的温度目标越来越低，气候变化成本还在下降。图 11.5 显示了把低效算进去后的气候*政策*成本。如果我们不施行新的气候政策，新气候政策损失依然是零。但是如果我们承认气候政策实施低效、协同糟糕，那么气候政策损失就会飙升。现在，其他实际政策成本大概是理论政策成本的两倍。到 2100 年把温度上升控制在 2.2 摄氏度以内，实现这一最宏大的目标，成本是惊人的 350 万亿美元。

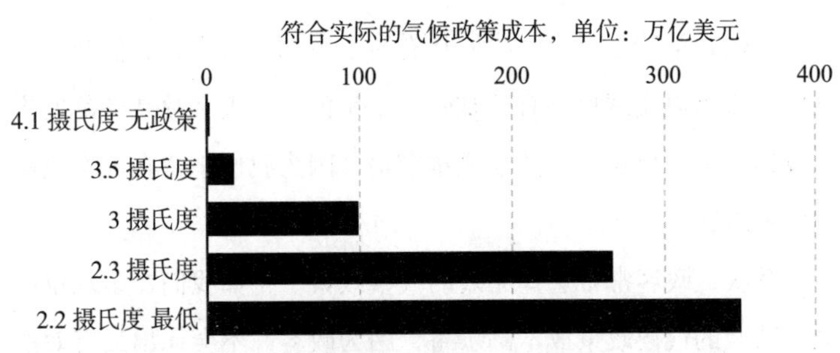

图 11.5　以实际推算的不同情形下的气候政策成本[17]

2010—2100 年不同温度上升情形下，全球未来 500 年实际的气候政策成本，反映了因政治低效率导致的额外成本，由诺德豪斯动态气候经济模型（DICE）计算得出。

现在，让我们在图 11.6 中把这些全放在一起，包括气候变化成本*和*符合实际的气候政策成本。最优的温度上升现在是 3.5 摄氏度（与图 11.3 中的 3 摄氏度相比），因为符合实际的气候政策更加昂贵。实现更低温度的气候政策昂贵得多，全世界不得不支付 400 万亿美元，才能把温度上升控制在 2.2 摄氏度以内。

假设 2010 年没有额外的气候政策，从这年开始算，谨慎的气候政策可以为我们节省 18 万亿美元（无政策成本的 140 万亿和最优政策的 122 万亿的差值）。相反，激进的政策则多付出 250 万亿美元（无政策成本的 140 万亿和 2.2 摄氏度政策的 390 万亿的差值）。尽管我们被灌输了很多，但气候政策（可供我们挖掘的）益处很小，而潜在的坏处非常大。

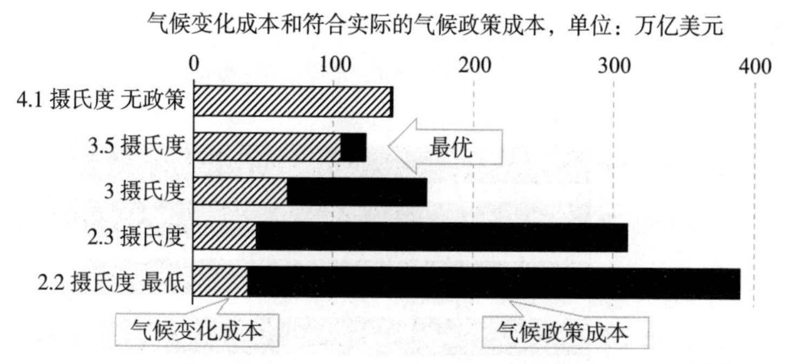

图 11.6　以实际推算的不同情形下的气候变化成本和气候政策成本 [18]

2010—2100 年不同温度上升情形下，全球未来 500 年的气候变化总成本和符合实际的气候政策总成本，使用诺德豪斯的动态气候经济模型（DICE）计算得出。最优政策（最低总成本）已标出。

我们假设所有人的共同目标是为后代创造最好的世界，也就是为后代创造最大可能的福祉。

本章截至目前，我们已经计算了气候变化和气候政策导致的福祉损失，也探究了两者结合能实现的最小损失。但是诺德豪斯的模型实际上开阔了我们的眼界，估算了在不同气候政策情况下，未来五百年社会可拥有的福祉总量。这就是大得多的图景了，把气候变化损失和碳税的影响带入考量，因为气候变化只是未来的一部分而已。

听起来似乎很抽象，但是未来福祉本质上代表了人类可享用的一切——这是我们能确保后代享受的一切“好处”。我们有责任将其最大化，尽可能地帮助后代。

在图 11.7 中，黑色条柱表示未来五百年社会可用总 GDP 中，当我们承受了气候变化成本、支付了气候政策成本（阴影区域）后，剩余的总 GDP。

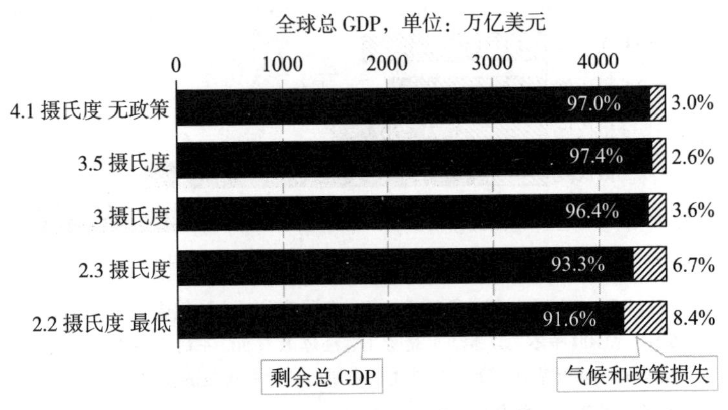

图 11.7　不同情形下的全球总 GDP[19]

2010—2100 年不同温度上升情形下，未来五个世纪的全球总 GDP。阴影部分表示的成本是气候变化和气候政策导致的损失；剩下的黑色代表余下的人类福祉。

有一点需要强调的是，黑色区域总量是庞大的，不论我们选择什么气候政策，即使按未来五百年来衡量，气候变化损失和气候政策成本都*只能*蚕食一点点全球 GDP。换句话说，气候变化和气候政策只对我们未来福祉的一小部分起作用。

未来五百年的总 GDP 累计可能达 4629 万亿美元——一个庞大的数字。气候变化损失和气候政策成本会给我们带来挫折。如果我们对气候变化不管不问，到 21 世纪末温度会上升 4.1 摄氏度，气候变化成本将达到显著的 140 万亿美元，也就是大概占未来总 GDP 的 3%。尽管如此，我们还是拥有全部资源的 97%，约有 4500 万亿美元，用在健康、教育、食物以及其他机会上，构建人类的幸福未来。

如果在未来几个世纪，我们设法实施了明智且务实的递增碳税，情况会变得更好。根据现实世界进行设想，碳税在某种程度上能够协同，但不会完全一致，在整个世纪里的所有国家，碳税都将上涨，且某种程度上没有章法。到 21 世纪末，全球平均温度上升将稍低于 3.78 摄氏度；气候政策和气候变化的总成本大概是 122 万亿美元，占总 GDP 的 2.6%。这意味着，人类将有 97.4% 的全球未来 GDP（稍高于 4500 万亿）留给社会。

因此，对 GDP 的损害只比没有气候政策的情况少不到 0.4%。*一个符合实际的、适中的递增碳税一定能给社会带来价值 18 万亿（0.4% 的 GDP）的净收益*。

但是如果我们通过设定远高于此的碳税以期实现更加宏大的气候目标，会发生什么呢？总成本会急速上升。把到 2100 年的温度上升控制在 2.2 摄氏度，跟《巴黎协定》中奉若圭臬的 2 摄氏度以下相比，还不够宏大。但是，人类因气候变化和政策损害造成的总损失，将达到惊人的 391 万亿美元，占 GDP 的 8.4%。

跟什么都不做损失的 140 万亿（3% GDP）相比，做得太过则糟糕得多。为了缓解气候变化，我们会避免更多的气候损失，但若要配上如此昂贵的气候政策，总成本几乎是原先的三倍了。

碳税是好主意，但应该尽可能地高效实施。我们要了解碳税能做到什么，做不到什么。如果能被全球接纳，适度的碳税递增哪怕执行得不完美，也是非常好的主意，它能保证我们用低成本减掉大部分碳排放的损害。但是，最优政策的影响也相对有限。把温度上升从 4.1 摄氏度减到 3.5 摄氏度，也就是大概 0.6 摄氏度，其效益大概是 0.4% 的 GDP。[20]

现实来讲，明智的碳税会产生影响，但对于解决气候变化只起很小的作用，因为再进一步则意味着由碳税带来的成本多于我们绕开的气候变化成本。

我们应该实施明智的全球碳税。但如果想消除更多的气候损害，光有碳税是远远不够的：我们需要探索其他方法。

第十二章

创新：最需要什么

在我们面对全球变暖时，最大的问题是产生二氧化碳的化石燃料。我们需要削减碳排放从而限制变暖，但没有简单且便宜的化石燃料替代品。

这是一个大问题，但不是人类最首要的大问题。回溯历史，我们很少通过让人们减少生活所用来解决大问题。理由也充分：人总是难以说服的。我们常常设法通过创新解决大问题。

我们可以从全球照明的转型中汲取教训。从 18 世纪到 19 世纪中期，鲸油为美国提供光源。以今天的标准来看，这是一种野蛮的做法。巅峰时，美国有 7 万人从事捕鲸业，是当时美国的第五大产业。捕鲸业每年生产数百万加仑鲸油，其被广泛认为是不可替代的，它与猪油和莰烯等替代品相比，更明亮，更清洁。人们很难想象不靠鲸油生活的未来，因为那意味着要退回满是烟尘的昏暗过去。[1]

当然，彼时没有环保运动可言。但人们不禁要问，如果捕鲸人每年都要去离楠塔基特岛更远的地方才能捕到鲸，鲸鱼捕完了该怎么办呢？

西方世界依靠捕鲸获得高质量照明，但从来没有把鲸捕到灭绝。为什么？我们找到了替代技术。首先，源自石油的煤油替代鲸油成了照明来源。我们也没有用光煤油，因为电取而代之，它成了照明的更佳方式。

规劝民众停止使用鲸油，关掉电灯，或者用回以前那些污染严重的手段，并不会拯救鲸鱼。拯救鲸鱼的是新技术。我们一直低估了自己的创新能力。在19与20世纪之交，曾出现一种担忧，由于马车的使用日益广泛，伦敦会遍布马粪。然而，创新给我们带来了汽车。如今，八百万人生活在伦敦，拥挤的大道上并没有马粪。[2]

20世纪60年代的洛杉矶烟雾弥漫，汽车是被认证的污染大户，一种解决方案就是强制大家不要开车。叫大家待在家里不仅不现实，也极其低效。相反，得益于催化转换器的发明，越来越多的人开上越来越多的车，同时极大地提高了空气质量。

事实上，人类历史上许多预言中的灾难都因为创新和技术发展而得以避免。看看20世纪六七十年代的饥饿问题——当时世界人民最大的担忧是亚洲无法养活自己，因为难以为快速增长的人口种植足够的食物。当时最畅销的一本书《人口炸弹》(*The Population Bomb*)直截了当地宣称："养活人类的斗争已经结束。不论现在开始实施什么政策，20世纪70年代，数亿人将饿死。"[3]

这种观点认为印度完蛋了。普遍看法是该国1967年的粮食产量仅有1亿吨，无法继续增长，预计到1980年将有2亿多个孩子出生，大规模的灾难似乎无法避免。[4]

此时，一位坚定的科学家诺曼·博洛格(Norman Borlaug)出现了。他并没有绝望，而是一心投入更好更新的小麦、大米和玉米品种的培育。这些矮种植物与现有的品种不同，因为茎部使用的能量较少，更多能量进入谷物本身，结果就是谷物产量暴涨，粮食价格下降。博洛格的“绿色革命”可能将 10 亿人从饥饿中拯救。[5]

到了 1980 年，印度的粮食产量增长了 47%，而人口只增长了 34%，人均食物供给能量开始增加而非降低。如今，印度的粮食产量是 1967 年的 328%，而彼时观察家却认为印度粮食产量不可能增加。印度现在是世界上最大的大米*出口国*。创新突破了不可能。[6]

粮食产量增加还有一个好处：减少森林砍伐。如果粮食产量从 1960 年起就没有改变，世界上大多数森林到目前为止都会被砍掉，用来种植更多农作物，养活所有人。我们将需要额外的农田，面积等于美国、加拿大和中国加在一起。创新不仅养活了数十亿人口，还保护了生物多样性和环境。但还是要再次强调，解决重大挑战，靠的不是告诉人们少做某事，而是通过创新，让每个人都能拥有更多的选择。[7]

历史教训显而易见。当我们创新，找到了便宜的技术解决方案，就能解决重大挑战，产生大范围的共享收益。这一教训我们也要运用到解决气候变化的问题上。

目前的化石燃料价格便宜，全球经济依赖它们，眼下尚无完全匹敌的可替代能源。我们应该把更多精力放在寻找和创造替代品上。

截至目前，太阳能和风能还不能解决问题。即使有大量的政治支持和数以万亿计的补贴，太阳能和风能也只提供全球能源需求的 1% 多一点。国际能源署预计，到 2040 年，即使在补贴上又花了 4 万亿美元，太阳能和风能还是只能占到全球能源的 5%。

与化石燃料相比，它们昂贵而低效。根据国际能源署的数据，化石燃料的廉价解释了为什么它们满足了如今约 80% 的能源需求，以及为什么它们在 2040 年仍然会占 74% 的能源需求，即使《巴黎协定》中全球领导人的每一项承诺都达成。[8]

要想显著减少化石燃料的二氧化碳排放量，需要创新。好消息是，我们已经在这一领域创新了，甚至没有太费力。近来最好的例子之一是美国的水力压裂技术。水力压裂技术降低了油和气的价格。正如我们在第十章中所见，它已经降低了取暖价格，尤其让穷人能够更好地在家里取暖，每年大概拯救 1.1 万人。它极大地增长了美国的财富——2019 年一项研究表明，它让 2015 年美国 GDP 提高了 1%，让美国经济每年增长 1800 亿美元。[9]

它也对环境有切实的负面影响，尤其是空气污染、水污染和栖息地破碎化（habitat fragmentation）。最大的研究发表于 2019 年，预计美国水力压裂环境总成本是每年 230 亿美元，其中空气污染占四分之三。总体上水力压裂技术能给美国带来巨大利益，所以我们只需把政治上关于它的正反对话视作对利益和成本如何分配的讨论。[10]

水力压裂技术是削减碳排放的创新案例。水力压裂技术至少在 1947 年左右就诞生了，但它花费了美国能源部数亿美元公共资源的创新支持以及对私企 100 亿美元的生产减税，才形成可盈利的创新步骤。水力压裂创新并非气候政策，而只是为了让美国能源更独立更丰富。但是它也产生了巨大的气候变化收益，因为天然气变得比煤炭便宜。关键是，天然气的二氧化碳排放量大约是煤炭的一半。天然气比煤炭更便宜，让美国电力的一大部分生产原料从煤炭转向了天然气。这是过去十年美国是二氧化碳排放量最大削减国的主要原因之一。[11]

未来十年我们能实现的最有潜力的创新之一是确保中国也进行类似的能源转型。中国是全球最大的煤炭消费国。事实上，2011年后的每一年，中国都最少烧掉了全球煤炭使用量的一半；2018年，印度（12%）和美国（8.4%）分列第二、第三名。如果中国把部分电力生产变成天然气驱动，其二氧化碳削减将是巨大的，我们在美国看到的收益也相形见绌。[12]

向中国及其他地方分享水力压裂技术并使之采用仅仅是一个开始。我们需要借鉴这些经验并寻找政府可以支持创新和科技发展的领域，使能源转型变得容易。为了显著削减排放量，我们需要重大创新。

直到我们找到比化石燃料更便宜的绿色能源，否则很难说服全世界从根本上远离化石燃料。但是，如果我们创新地把绿色能源价格降低到化石能源之下，就能走上解决气候变化之路。不只是美国和欧洲，包括中国、印度和非洲在内的所有国家和地区，到时候都会转变。

早就显而易见的是，经济上最优的碳税只能解决气候变化问题的一小部分。因此，从2009年起，我开始和哥本哈根共识中心合作，寻找其他帮助解决气候变化的有效方案。我们和27名全球顶级气候科学家、3名诺贝尔奖获得者合作，评估所有潜在气候应对措施的成本和收益。这些学者发现，绿色能源研发是解决气候变化最有效的长期投资。专家们认为，全球需要每年在绿色能源创新上投入1000亿美元。这依然比如今花在太阳能和风能上的补贴少得多，也可能把低碳或零碳能源占领世界的日期大大提前。[13]

据经济学家估算，每在绿色能源研发上投入 1 美元，就能避免 11 美元的长期气候变化损失。这是一笔好买卖。而且，研发中除了帮助寻找突破性绿色能源，还可能产生其他众多对人类有用的创新，比如更好的手机电池，更便宜的太空探索电源。

从那时起，我与众多人开始为大规模加大绿色研发支出而造势。最具前景的进展发生在 2015 年，包括奥巴马总统在内的全球 20 个领导人承诺到 2020 年在绿色能源研发上的投入翻一倍。他们把这一协定称作“创新使命”（Mission Innovation）。[14]

不幸的是，这些国家违背了承诺。国际能源署的数据表明，在绝对数值上，支出没变，发达国家每 100 美元的 GDP 只有不到 3 美分花在了低碳能源研发上，这个比例自“创新使命”承诺以来基本没变（见图 12.1）。这是哥本哈根共识中心合作的诺贝尔奖获得者制定的每年 1000 亿美元目标的六分之一。[15]

令人沮丧的是，几乎所有人都同意在绿色创新上投入更多，这个观念没有争议。但是，投入似乎从来没有真正兑现。这是因为一直不断的夸张言论和绿色能源产业从事者的游说导致稀缺资源都被越来越多地导入效率低下的太阳能板和风力涡轮机技术。

事实上，绿色能源行业及其支持者常常宣称增加太阳能板和风力涡轮机数量是如今鼓励更多创新的最佳方式，因为企业可以借此投资开发更好的技术。此论肥了游说者和绿色能源巨头的腰包，但非常低效，是资助创新的落后方式。全球来看，私企在可再生能源研发上只花了 60 亿美元。从全球 GDP 占比来看，私企对绿色能源研发的投资从 2012 年开始一直在*下降*。[16]

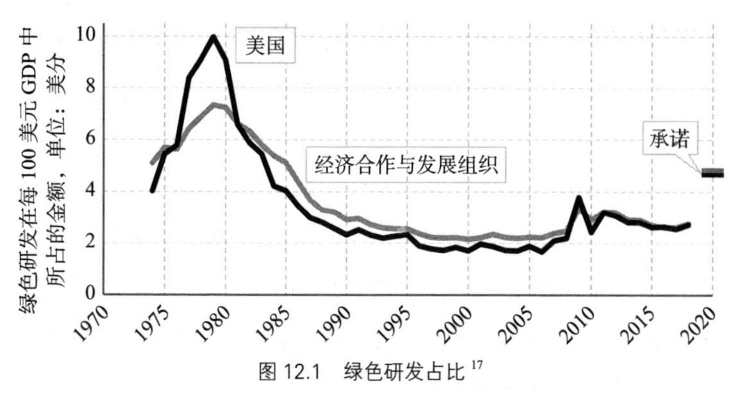

图 12.1 绿色研发占比[17]

1974—2018 年，美国和经济合作与发展组织（OECD）的绿色研发投入在每 100 美元 GDP 中所占的金额。“承诺”是指全球领导人承诺在 2020 年“创新使命”中要花的钱。

为了实现更多的绿色能源研发，我们要把钱直接花在上面，而不是依靠间接的产业支持，然后祈祷能奏效。全球来看，2020 年纳税人将用 1410 亿美元补助低效的太阳能和风能，这其中只有 60 亿美元投入实际的研发中。相反，我们应该在研发上直接花 1000 亿美元，这使得我们多获得了 940 亿美元用在绿色研发上，即便如此，我们依然还有 410 亿美元可用在其他方面促进世界进步。[18]

如果想改变世界，我们需要投入不同的事情，想出新点子。因为旧的不管用。

当涉及绿色革命时，我们应该专注于什么？

这不是一个简单的问题，因为没人知道新技术能给 2050 年或 2100 年的世界提供什么动力。

能源分析家的预测是，30 年后仍主要由化石燃料提供电力，因为我们知道它们便宜又可靠。它们造成气候变化，所以碳税等政策会在未来限制其使用，但是它们还会保持世界能源的主流地位。*除非*，我们设法创造了更好、更智能、更便宜且更有效的替代品。

预测未来创新实属蠢事。1893 年芝加哥世界博览会之前，74 名美国最杰出的思想家被问到一百年后世界的样子，其中不乏大量令人难忘的错误预测，比如预测美国的税变得很少，不设常备军，每个人去哪都可以坐时速近二百公里的电力火车，战争将不复存在，我们能活到 150 岁。[19]

有一小撮思想家猜对了方向，虽然技术错得有点离谱。比如他们把电子邮件预测出来了，但说邮件是通过海底的气流管道传输的。航空旅行变得司空见惯，不过他们猜想的是使用气球在城市之间的金属线上穿梭。多位专家预测我们能够在小包装盒里储存能量，把尼加拉瓜瀑布的能量运输到得克萨斯州的制造商那里。[20]

这些思想家中的许多人显然明白创新的价值。其中一人认为，在一个世纪的时间里，新技术能让房子冬暖夏凉。有的人意识到，如果电便宜了十倍，就能普及开来，用于驱动电动马车，解决艰苦的家务活比如洗衣服，因而能解决“佣人问题”。但是想象中更便宜的电或空调并没有出现，大规模的技术研发发生了。如果只是专注于提高气流管道技术，我们可能不会发明互联网，专注于更好的气球技术可能也不会发明飞机。[21]

真正的教训是，即使我们已了解自己想去何处，也很难知道哪项技术能引领我们去那里。这就是为什么我们不应该把研发只集中在当下最时髦最光鲜的未来理念上。相反，我们应该研究*很多*理念。

研发并不贵，全球增加六倍支出真的就能够支撑我们研究一大堆不同的解决方案。为了展示其广泛度和机会，我来分享三个关键领域。这三个领域中的任何一个出现突破，都可能左右对抗气候变化的战局。在每一个领域中，更多的研发资金都能刺激创新，从而实现我们的经济转型。

能源存储是能为人类福祉带来巨大改变的创新领域。如果我们能存储无限的风能和太阳能，而不是只能在风停日落之后存储几秒或几分钟，也不是只在晚上或者无风的一周时间里存储，而是跨越季节乃至年份存储，让能源随时满足我们所需，不再靠天吃饭，那将大不一样。

人们听到能源存储的时候，立马想到的是能反复充电的电池，比如电动汽车里的。但这只占到了全球能源存储的不到1%。当下几乎所有能源存储（96%），都是一种叫“水存储”的陈旧的、众所周知的技术。本质上就是当能源过量的时候，把水抽送到山上的蓄水池里，如果需要能源，就让水通过涡轮机流下来。这项技术很有用，但非常依赖当地地理条件，而许多能源网络附近没有合适的地点。[22]

有太多新技术可以帮助存储能源了。压缩空气存储把空气充入盐洞之中，然后通过发电机释放出来。熔盐电池用多余的电加热盐，之后再使用热交换器把电转换回来。另一个方法是用电分解水得到氢，需要的时候再从燃料电池中转换回电。

一个简单的飞轮（本质上就是一个大型转动铁桶）也可储能。比如风力涡轮机在某个大风天产生的多余能源，会用来转动飞轮。然后，发电机再将这些能量转换成电。

我个人最欣赏的想法（仅仅是因为这个想法很酷）是由瑞士Engery Vault公司提出的。在这个预想中，需要有一台一百多米高的起重机，放置在35吨重的水泥圆筒中。当过量的电力需要存储时，由电脑控制的起重机就把水泥圆筒一个个堆叠起来，最终建造成巨塔。当需要电的时候，缆线卸载沉重的圆筒，进而驱动发电机发电。[23]

这些想法的问题都在于容量和成本。如果我们不考虑抽水存储，其他许多当下存在的不同解决方案都只能存储约20秒的全球电力使用量。新闻头条不停在说仅仅几年我们就可见到储量的惊人上涨。国际能源署预计，在未来20年里，将花费额外的3000亿美元用于把存储容量提高41倍。但是，这也依然只能把容量提升至11分钟的全球电力使用量，而且存储依然昂贵。虽然电站级（utility-scale）的太阳能板在有太阳的情况下，成本可低至每千瓦时3.2美分，但增加足够的储能设备后，成本涨了三倍，达到至少每千瓦时10.2美分。[24]

大量投资更便宜更好的存储技术研发，能让容量和成本在短短几十年里出现翻天覆地的变化。印度在这方面已经领先。该国承诺推行强力政策，从2018到2040年，拉动太阳能容量上涨十倍。（注意，这不会终结煤炭的统治地位，其使用量仍将翻倍，从2018年占印度能源需求的45%到2040年的44%。）大量额外存储设备将建造出来，用于利用额外的太阳能，所以预计印度将成为能源存储方面的全球领先者。其造成的部分后果是，预计全球存储价格将在未来二十年内腰斩。[25]

但是如果绿色能源研发能够让存储成本降得更低呢？假设额外研发降低了不只是50%的存储价格，而是70%呢？到时在印度或许太阳能甚至比煤炭还便宜。2030 年后，印度甚至可以更多地依赖太阳能和风能，停止增加煤电使用。国际能源署预计，如此之低的存储价格或让印度的二氧化碳排放量在 2030 年就达到峰值，但到 2040 年，单单这一点就能削减全球排放量的将近 1%。[26]

想象一下，如果存储效率高且价格合理，对于全球其他发展中国家，太阳能的吸引力会有多强。存储的创新有助于减少全球排放量，令电价更便宜，释放更多化石燃料替代品的潜能。

第二个显而易见的研发投入领域是核能。核能并不排放二氧化碳。或许令人意外的是，核能还非常安全。在正常的操作环境下，它比煤炭的放射性还低。（是的，煤炭燃烧时确实有放射性）。尽管我们会想到福岛和切尔诺贝利的大灾难，但其实核能是所有能源中死亡风险最低的一种；事实上，由于煤炭污染规模大，核能致死率仅是煤电的千分之二。[27]

当下，核能还没成为撒手锏的原因是，相比于继续依赖化石燃料，发达国家新建核电站的成本要昂贵得多。芬兰最新耗资 350 亿美元的核能发电站本该在 2010 年开始运营，后又说要在 2021 年启用，造价是原定的三倍。法国的弗拉芒维尔核电站本该在 2012 年开张，后来又说可能在 2022 年启用，成本也是原来的三倍。[28]

一项 2017 年的调查显示，在 20 世纪五六十年代，核电首次开发的时候，核电站建得越多就越便宜，因为专家知道怎么建更便宜更高效。但是 20 世纪 70 年代以后，核电站的建造越来越贵了。为什么？在法国和美国，设计不再专注于统一标准化的单元了，而是开始改变，既因为改善核电站有利可图，也因为越来越多的监管。一项 2017 年的调查指出，如果我们能坚守一种或少数几种核电站设计方式，确保成本持续下降，那么如今的核能就可以划算地取代所有煤炭和大多数天然气发电，减少四分之一的全球碳排放。[29]

当然，我们无法回到过去，但可以从现在开始作出更明智的决策，那就是投资创新，让下一代核电站更便宜更安全。

比尔·盖茨正在投资 TerraPower，这家公司在开发一种新的反应堆，能够使用其他反应堆废料，生产的能源足够几十年使用，不用额外的燃料。中国的研究者也发现一种“球床反应堆”（pebble bed）设计非常安全。还有人建议采用模块化设计，让核电站的标准化反应堆组件可以像乐高一样在建筑工地搭建起来。[30]

一项 2019 年的研究表明，这些新想法或能让每千瓦时的核电成本比目前的成本下降将近三分之二。最乐观的估计是，核电成本甚至比最便宜的天然气电更低。当然，这些都是通过改进设计后估算的成本。如果我们能够探索出一项革命性突破，成本甚至可以降得更多。[31]

核创新能助我们找到一条比当下更便宜、更安全的发电方式，且不产生二氧化碳排放。

第三个加大研究能产生重大影响的领域是空气捕获（air capture）。其实就是地面上的机械装置，从空气中吸取二氧化碳然后安全地存储起来。如果这招奏效，我们或许可以在不减少化石燃料使用的情况下，削减部分乃至全部的二氧化碳排放。在极端（也不太现实）的情况下，我们或能维持全球化石燃料经济，只要把有问题的排放量吸掉就行了。[32]

这就是“碳抵消”措施在当下常常做的：它们承诺种树吸收

二氧化碳排放。树木本质上就是低科技版空气捕获设备。

为什么不种更多树呢？地球上没有足够的土地能种下可以捕获所有额外二氧化碳的树，而且，我们需要留出土地给农业。空气捕获可以成为更有效的解决方案，但依然有很长的路要走。2007 年，企业家理查德 · 布兰森（Richard Branson）和气候变化活动家、美国前副总统阿尔 · 戈尔发起"维京地球挑战"（Virgin Earth Challenge），设置了 2500 万美元大奖，奖励给第一个创作出规模化空气捕捉方案的团队。大奖发起者目前还没看到一个满足所有条件的获胜方案。[33]

2011 年，美国物理学会一个有影响力的专家小组发现，空气捕获每吨二氧化碳要耗资 600 美元乃至更多。这意味着单是吸收一升汽油的排放量就得花 1.4 美元。显然，在这个价格下，该技术是不会有长远前途的。不过从那之后，研究者又探索了很多想法。2017 年的一项综述显示，在预期成本上存在巨大差异，有的初创公司认为他们能近乎零成本地实现空气捕获。我们应该对这些说法持谨慎态度，但一项 2018 年经同行审阅过的研究则颇有前景。该研究显示，有一项可行的计划，成本可能少于每吨汽油 100 美元。[34]

花更多的钱，用在减少空气捕获成本的创新上，非常有利可图。眼下，如果我们以每吨 100 美元的成本抵消人类所有的碳排放，每年会耗资 5.5 万亿美元，超过全球 GDP 的 6%。想象一下，如果到 21 世纪中叶，创新能把空气捕获的成本降到 5 美元一吨，那么消除 1 升汽油的碳排放只需要 1.3 美分，可以合理地假设大部分人都愿意支付 1.3 美分。如果我们能实现这么低的成本，或许只用全球 GDP 的 0.2% 就能实际上消除地球上*所有*碳排放。[35]

当下的空气捕获由于太过昂贵，尚无法成为我们应对气候变化的主流手段。但是创新能助其降价，使之成为我们应对该问题的一项重要工具。

还有许多可能在解决气候变化上发挥重要作用的突破性科技。曾领导人类基因组第一次测序的遗传学家克雷格·文特尔（Craig Venter）支持研究可在海洋表面生长并生产油的海藻。因为海藻将阳光和二氧化碳变成石油，所以把它当燃料可进行碳中和。该技术效率尚低，进行更多的研发或能达到此目标。模仿太阳原理的核聚变能（fusion power），可提供人类所需的全部能源，且无论如何都没有二氧化碳。但尽管核聚变能离商业化太过遥远，更多的研发也可能使之奏效。[36]

事实上，我们讨论过的每一个想法，都可能解决气候变化的一大部分乃至*全部*。它们尚不能在全球铺开，因为依然太昂贵，但研发能降低它们的价格。

研发的好处是相对便宜。1000 亿美元能够资助很多种潜在技术的创新。我们应该料到大部分想法都会失败，很多想法能促进一些进步，但不足以在经济上具备竞争力。比如说空气捕获的成本可能降到每吨 70 美元，但依然因为太贵而无法推广到全球使用；核能的成本可能降到每千瓦时 6 美分，但依然没有便宜到替代化石燃料；瑞士那种用圆筒堆叠储能的实验，可能跟其他想法一样，因不够划算而无法大面积应用。

但没有关系。我们投资创新，尽管大部分想法都会失败。我们并不需要很多科技来为世界提供动能，我们不需要太多把二氧化碳排放削减到零的方式，我们只需要一种（或者更实际地来说，几种）。

想象一下，如果创新能给空气捕获带来重大突破，价格降到每吨5美元，那么解决全球变暖问题所需的成本则比当下欧盟的气候政策成本还低。当然，全球各国还是会为谁来买单而争论，但我们能解决气候变化。[37]

想象一下，如果创新给核电成本带来革命，降到每千瓦时1美分。不仅全世界都将转而使用这项便宜得多的替代品，在实质上解决全球变暖，而且它还给人类带来了难以置信的福利——更多的能源，更清洁的空气，几乎是零成本。

创新的模型应该是什么样的？在过去半个世纪，政府开发了一种引导创新的方式，就是资助在大学和研究实验室中的公共“蓝天研究”（Blue-sky Research）。通过与私企的合作，有些创新已经开发到可由私企引入赚钱的地步了。

我们应该意识到，不同的国家在不同的研发领域各有优势，因此各国应该专注于不同主题。最明智的方法可能是建立全国性的顶级专家小组，找到需要解决的能源研究问题。资金可以通过国家组织进行管理，比如美国的国家科学基金会（National Science Foundation）。

从事研究的个人和团体可专攻由顶级专家小组勾画的研究问题中的一个或一部分想法——从产油的海藻到潮汐能，到新型二氧化碳捕获系统（比如加强版风化石），到新核反应堆设计，等等。研究者申请资助解决其中的特定问题，他们的同行决定哪些申请者更可能推动特定领域的研究和理解，进而提高创新概率，将想法转化成清洁能源的切实进步。

但除非我们认真对待这件事，否则一切无从谈起：我们需要保证大规模增加研发投入。仅在一两年时间里，美国等国家为了达到“创新使命”中许诺的程度，就需要将年度投资翻倍。在未来五到十年，全球研发支出应进一步增加三倍，接近诺贝尔奖获得者提出的每年1000亿美元。预算增长六倍，我们能资助的就多得多了。我们可以大大地增加人类创新的机会，降低未来解决方案的价格，帮助处理或完全解决气候变化问题。

创新不是我们解决全球变暖的唯一方案，但它是最具前景的一个。找到比化石燃料更便宜的绿色能源生产方式，或者找到避免化石燃料对环境产生影响的极便宜方式，将扭转对抗气候变化的战局。它将消灭经济增长和减碳两大目标之间的冲突。通过创新，我们可以用传统且得到验证的方式，找到更便宜、更环保的替代品，解决化石燃料存在的问题。

第十三章

适应：简单但有效

构想得当的碳税能帮助我们避免最严重的气候变化损害，对创新的大量投资能加速终结全球经济对化石燃料的依赖。但是即便有了这两项政策，温度还是会持续上升。未来气候变暖的部分原因来自过去的碳排放，而这是当下的我们无法控制的。碳税或创新无法完全消灭未来的碳排放，至少在短期或中期内不行。

这就是为什么我们在未来几十年要适应更温暖的地球。幸运的是，人类适应力极强。在极寒的西伯利亚地区和加拿大，在火热的撒哈拉沙漠地区和澳洲内陆，在南美洲干燥的阿塔卡马高原沙漠，在雨水充沛的印度梅加拉亚邦，都有人居住。人们不仅可以忍受温度和降雨的极大差异，自然灾难中不断下降的人均死亡率也表明当下的我们具有前所未有的韧性。[1]

归根结底，适应意味着人们能够明智地应对挑战——此处就是应对变化中的气候。随着气候变暖，越来越多的人打开空调（越来越少的人使用暖气）。如果还没有空调，更多的人会买一台（随着全球繁荣度提升，更多的人将有能力购买）。同理，游客会修改旅行目的地适应变暖的世界。类似斯里兰卡这种温暖的地方游客越来越少。另一方面，更多的游客选择去芬兰或加拿大度假，而越来越少的芬兰人和加拿大人选择出国旅行。[2]

削减碳排放成本不菲，但是对世界上每个人都有一点好处，不过要等半个世纪才能显现。相反，适应措施常常有立竿见影且非常地方化的好处。事实上，大多数适应措施都是自然发生的，很少需要公共政策的关注或投资。[3]

商业通常无需被迫进行适应性投资，因为明智的商业判断本身就是一种适应。这方面已有很多相关案例了。在发达国家，化学巨头巴斯夫（BASF）在莱茵河上安装了水泵，即使气候变化导致水位下降，依然有足够的水用作生产。联合利华和西红柿供应商合作，鼓励他们安装滴灌设备，即使干旱也能种植作物。[4]

在不那么发达的国家，农民也在适应变化中的气候。一项研究显示，南美洲已经在根据气候调整作物：农民在更温暖的地方种植水果和蔬菜，在更凉爽的地方种植小麦和土豆；在更湿润的地方种植大米、水果和土豆，在更干燥的地方种植玉米和小麦。随着气候变化导致温度上升，农民会转向种植更多水果和蔬菜，并根据气候湿润或干燥（模型对此依然无法确定），更多地种植土豆或南瓜。[5]

但并非所有需要的适应措施都能在政府没有采取具体行动的情况下发生。显然，政府应该保证公共政策不去阻碍个人的适应，比如对空调或电力课以重税。政府应该做得更多：他们应该推行令适应更容易的措施。纵览全球，如果你受教育程度更高，更富裕（比如你拥有一台拖拉机），更方便接触到农业信息，那你就更容易采取农业适应措施。所以政府应该促进教育、保障农业信息的获得以及使拖拉机更普及。[6]

一项2011年的研究发现，埃塞俄比亚能接触到信贷的农民能更好地适应气候变化，他们的食物产量也更高。这并不意外：如果你能得到克服挑战的多余资源，你就有机会做得更好。所以政府应该保证提供尽可能多的信贷机会。这不是说要补贴现实中的贷款，而是在保证法律和制度框架运转良好的情况下，让个人更容易得到有助于适应的必要资助。[7]

在某些地区，适应措施依赖公共政策。期待个人的房子适应上涨的海平面，个人的生命适应灾难的威胁，是不现实的。政府要站出来做好防洪和预警系统。尽管空调在热浪来袭时有用，但得当的基础设施能让整个城市都变得凉爽。而且，尽管很多人能自行适应，但多数弱势群体常常做不到。热浪来袭时，公共政策在帮助老人和边缘群体方面尤其有用。

推行促进适应的政策似乎是常识，但奇怪的是，很长一段时间里，在气候政策的讨论中，提及适应措施都被视为一种糟糕的行为。气候变化活动家常常认为适应的观点分散了人们对减碳的注意力。也许他们还认为，承认需要适应是在气候变化的斗争中认输。[8]

相反，如果要有效地应对气候变化，我们需将适应放在政策回应的核心位置，与碳税和创新并列。

上涨的海平面获得了媒体的大量关注，但常常被描绘成人类的未知领域。事实上，海平面在过去150年里已经上升了超过20厘米。全球范围内，你问任何一个人过去一个半世纪的重要事件，他会说战争、拯救生命的医学突破，可能还有登月，但他不会说海平面上涨是大事。为什么？因为我们通过保护海岸线，适应了它。[9]

全球适应研究最清晰的结论之一是，海岸保护是对人口和珍贵土地的一项伟大投资。正如我们在第一章中所见，耗资数百亿美元的海岸保护工程可避免数十万亿美元的洪水损失。这是为什么 2018 年一项综述显示，几乎每个地方的海平面适应措施的成本都比不适应时要低得多。研究显示，即使海平面到 2100 年上升了不可能的 2 米——远高于联合国气候小组的预期——这项措施也能经济实惠地保护至少 90% 的全球海岸洪泛区人口及其 96% 的资产。[10]

对于全球超过一半的海岸洪泛区人口来说，每在防护上花费 1 美元，就能避免超过 100 美元的损失。即便是最糟糕的情况，海岸保护措施*和* 21 世纪余下时间所有洪水损失相加的总成本，也只占美国 GDP 的 0.037%，还有可能再少 500%。[11]

“海岸防护”在很多情况下是指堤坝（为了阻挡洪水而建造的长墙或堤岸），但是更软性的措施，比如人工滋养（指在海岸中添加沙子）甚至能更有效地应对海平面上涨和风暴潮。2019 年一篇涵盖 19 项研究的综述中提到，每建造 1 美元的堤坝平均减少 40 美元的损失，而每 1 美元的人工滋养能避免 111 美元的损失。[12]

其他自然防护措施，比如恢复红树林，也帮得上忙。红树林不仅是潮汐和风暴潮的缓冲，还是维持本地渔业的关键栖息地。比如印度尼西亚等地正在采取行动种植（或恢复）红树林，此举要比建造洪水防护基础设施便宜好几倍。红树林保护和恢复的收益高达成本的 10 倍，不仅能避免沿海洪水造成的损失，还能对渔业、林业和休闲业产生相关好处。[13]

人们用末日的语调讨论海平面上涨，但真相是，对于保护海岸线，我们有着得到验证且具备成本效益的方式，可以保障更多的人和财产。

随着全球变暖导致大雨增加，我们可能看到越来越多的河水泛滥和山洪暴发。适应措施固然有用，但也有赖于各方协调。如果每个人都想给河流修大坝，就会变成“谁的河堤最低”的恶心游戏了。

荷兰已经提供了一种方式为河流腾出空间。这种方法允许有些洪泛区被洪水淹没，这样洪水就不会摧毁城市，并加深和拓宽了河流，以便有更多空间集纳更多流水，以此减少洪水。洪泛区甚至被改造成公园。在靠近德国的荷兰城市奈梅亨，一座新的河流公园和滨河开发区提高了当地的生活质量，与此同时还扩大了洪泛区。[14]

在美国，各地现有的河水泛滥适应措施绝对奏效。如果没有洪水防护措施，近 2200 万人将每年遭遇洪水，但是有了防护措施，实际的数字就低多了，只有 50 万人。美国建筑科学研究院（National Institute of Building Sciences）发现，在美国洪水适应措施上每花 1 美元，就能得到价值 6 美元的收益。据估计，在欧盟，洪水适应措施的收益与成本比是七比一。[15]

得克萨斯州的休斯敦就是采取行动减少洪水影响的代表城市之一。该城市经历过很多次洪水和其他气候相关灾难。事实上，它是美国受洪水影响最严重的城市。为什么？部分是因为该市地势平坦，建立在沼泽之上，也因为该市糟糕的规划——人口急剧增长，道路、公园和下水道等基础设施的建设却没跟上。[16]

2000—2018 年，休斯敦的都市人口从 450 万跃升到将近 630

万。如今该市占地约为1500平方千米。为了有这么大的空间，该市填平了大量湿地和草原。湿地和草原是有益的，因为能吸收大量降雨，对避免洪水很关键。当它们被填平，大面积的水泥地意味着下大雨的时候会形成径流。从20世纪80年代开始，休斯敦区域的降水量增加了26%，但径流增加了204%。一项2018年的研究显示，径流在该城南部的西姆斯河口（Sims Bayou）使额外3.5万户家庭遭遇洪水。[17]

2019年，休斯敦决定从“雨天基金”（Rainy Day Fund）中拿出17亿美元款项用于洪水防护。其中多数都花在了大型基础设施——大坝和河堤的建设上。一项2019年的研究显示，为保护休斯敦而建造的沿海屏障，在21世纪可能耗资4000亿美元，但避免的损失可达此数字的两倍。[18]

但还有很多简单的方法也能带来非常多的好处。一项提议是把洪泛区的房子全部买下来拆掉，重建成吸水能力更强的绿色空间。在休斯敦北部某个地区，政府已经在计划买下两个低收入小区，将其改造成洪泛区和公园。但是被购买的住宅区只是洪水易泛滥地区的一小部分。休斯敦也可以在这些社区建造韧性更强的基础设施，如铺设能够吸收雨水的“透水”人行道，在道路两旁建造更好的排水系统。[19]

世界范围内，也有许多避免洪水损失的合理适应措施。据估计，在通过种树吸收额外水分的措施中，每投入1美元能够避免2美元的损失。确保建筑物配套收集和复用雨水的排水沟意味着下水道不会频繁过载，益处稍高于成本。鼓励业主简单改造房子和土地，比如种树、利用雨水，都是既便宜又有效的方式。当然，休斯敦这样的城市也可以选择未来少盖房子，保证一些湿地和草原仍然能在减少洪水中起作用。[20]

简言之，为了减少洪水损失，地方和全国政府有一系列划算的方案可用。

除了洪水，适应措施还能在包括台风在内的其他自然灾难中保护我们。孟加拉国比大多数国家都更容易受到台风的影响，但该国利用有效的适应措施，降低了脆弱性。该国跟伊利诺伊州一样大，但人口多 13 倍，大部分地区非常贫困。该国位于孟加拉湾的上端，台风叩关而至，恶化了洪灾。早在 1970 年 11 月 12 日，三级台风波拉就袭击了该地区，成为全球最致命的台风。广播电台在前一天下午晚些时候才开始提醒居民注意危险，而大多数人置若罔闻，既因为他们害怕离开之后家中遭窃，也因为只有少数避难所。尽管 90% 的人都听到了警告，但只有 1% 的人逃跑。[21]

台风凶猛。其风速达到每小时 240 千米，击打巨浪，掀起了 6 米高的海啸。至少 25 万人被卷走——真实数字很有可能是这个数的两倍。灾难以及政府对灾难应对不力导致的严重后果，是次年孟加拉国（当时还被称作东巴基斯坦）从巴基斯坦脱离的主要原因。

新创立的国家开启了龙卷风防备计划（Cyclone Preparedness Program），持续投资早期预警系统，提高公民意识，同时还有重建服务，新建了许多风暴庇护所并加固了建筑。

1991 年，此时孟加拉国依然只建造了 300 个庇护所，一个强得多的 17 级超强台风来袭。因为龙卷风防备计划起作用了，死亡人数只有 1970 年的一半。从 1991 年开始，因为十分重视适应措施，加上建造了 3500 座庇护所，台风死亡率不到原来的百分之一。20世纪的最后三十年，孟加拉国每年因台风死亡约1.5万人。在21世纪第二个十年，得益于广泛的适应措施，每年平均死亡人数只有12人。[22]

据估计，每年只需投入大约10亿美元，就能提高发展中国家的公众意识，改善早期预警系统以进行灾难应对，总共可获得40亿到360亿美元的收益。事实上，研究显示，在广泛的气候影响中，提高公众对灾难的意识和建设早期预警系统等适应措施乃是绝佳投资。就河水泛滥而言，预警系统所减少的损失是其成本的四倍。就大量降水而言，为社区提供训练和紧急状况管理，每1美元投入可换回30美元收益。[23]

正如我们在第四章中所见，气候变化可能意味着随着时间推进台风越来越少，但更加凶猛。适应性措施是保证更多人得到保护的必要之举，也在我们推行的能力和预算范围之内。

通过适应措施减少森林大火的风险，这方面我们也可以做得更多，尤其是在加利福尼亚州这种地方。2018年的营溪大火（Camp Fire）就把帕拉代斯整个小镇都烧了。

阻止山火摧毁生命和财产的最好方式之一是确保人们不把房子建在高风险区域，不让人们身陷危险之地。如果不在森林边缘的脆弱地区建造那么多房子，虽然大火依旧发生，但不会造成人员伤亡。

建筑规范也同样重要：加利福尼亚州对新建筑有严格的规范，但房顶易燃的老房子更易着火，威胁到周围的房子。事实上，该州所谓的“城郊接合部规范”重点阐述了如何通过更好的选址、更防火的建筑材料和喷水灭火装置、更少的植被建造更安全的房子。据估算，如果这一规范在全美国推行，每花 1 美元达到规范要求，就能避免 4 美元的火灾损失，而在佛罗里达和西部地区，收益则超过 6 美元。[24]

为了见识适应措施造成的差异，我们只需看看帕拉代斯以南 700 多千米的城市蒙特西托。这座城市在 20 世纪 60 年代深受大火之害，但蒙特西托采用了一种叫“适应韧性”（adaptive resilience）的回应方式。其策略包括在住房附近开辟出没有任何可燃物的空间。在某些地区，人们用仙人掌来替代容易着火的树木。道路两旁的植物被去除，因为植被会在人们火灾逃生时形成令人恐惧的“大火通道”。已存在的房屋则确保使用防火建筑材料，以对其进行加固。此外，消防员则故意放火减少乡村地区的树木。同时他们还制定详细的应对火灾的措施和宣传计划。[25]

2017 年，这些举措都通过了考验。已经延烧了将近两周的托马斯大火转向南方，时速 100 千米的大风将大火直接吹向蒙特西托。据估计数百座房子将被烧毁，但实际却只有 7 座被烧。一名火灾专家提及了蒙特西托的防护举措，也感叹道：“这就是生活在‘火柴盒’和防火地区的差别。”[26]

但其实，采取蒙特西托实施的适应措施，对在危险场所的房子推行更严格的建筑标准，不过是常识而已。

热浪总是见诸报端，常被视作气候变化导致末日将至的证据。毫无疑问温度在上升，极端炎热将在未来数十年和数百年成为一个更严重的问题。但是跟其他很多事情一样，我们已经手握工具，可缓解其大部分影响。

适应措施应该从城市开始，因为温度上升在都市环境中对人的健康影响最大。城市越来越成为我们的居住场所，已经吸纳了全球一半以上的人口，到 21 世纪末，吸纳人口比例将上升至 80%—90%。此外，城市通常比周边乡村更加炎热：城市充满了吸收太阳光的不反光黑色表面，缺乏绿色空间和水面。[27]

这种所谓的城市热岛效应可能会产生非常剧烈的影响。比如在夏季，拉斯韦加斯比周边的乡村热 4 摄氏度，夏天夜晚达到惊人的 5.8 摄氏度。由于柏油路和大型建筑物，城市夜间温度的上升远快于周边乡村，从 1970 年开始几乎每十年上升 0.56 摄氏度。[28]

但有一个又好又简单的适应措施，可让拉斯韦加斯等城市更凉爽。热是由黑色楼顶和黑色道路造成的，所以我们应该把楼顶和道路颜色变浅；热因为缺少公园和水面而加剧，所以我们应该制造更多绿色植物和绿洲。

黑色楼顶危害人类健康。1995 年芝加哥的致命热浪之后，有分析显示，住在有黑色楼顶的建筑物顶层的人更可能死亡。但是人们吸取了教训。纽约正在同非营利机构和建筑的业主合作，在楼顶安装白色反光面。目前已经给 46 万平方米的楼顶涂上了浅色的反射性涂层（但也只占了纽约市楼顶总空间的一小部分）。洛杉矶开始给黑色沥青涂上清凉的灰色涂层，这种涂层能给沥青降温 5.6 摄氏度。该城市称之为“清凉人行道”。理论模型显示，把道路和楼顶弄成浅色能让加利福尼亚州夏季温度下降 1.5 摄氏度，纽约下降 1.8 摄氏度。[29]

植树、扩大绿色空间和水面不只令城市更宜居，也大大降低了最高温度。在伦敦，泰晤士河和都市公园附近区域的温度比临近的建筑物密集区域要凉快 0.6 摄氏度。[30]

这些方法最大的影响在热浪来袭之际显露无遗。模型显示，如果我们显著增加公园和水面面积，形成凉爽的绿洲，进入炎热期三天后的高温降幅可达 7.8 摄氏度。伦敦的分析表明，把沥青路面和黑色建筑涂白，进而改变整个城市的反射性，可以在热浪来袭的三天后下降惊人的 10 摄氏度。[31]

适应措施在城市降温上非常有效。一项 2017 年的研究显示，给全球楼顶和人行道降温等大规模适应措施将在 21 世纪耗资 1.2 万亿美元，但能够阻止 15 倍的气候损失。然而，媒体总是把清凉楼顶和浅色人行道视为歪门邪道，而不是严肃的政策。媒体过多关注有花园、水域、苔藓和植物的绿色楼顶，大概是因为这些都市绿洲看起来更迷人。不幸的是，绿色楼顶在应对气候方面不算好主意：它们的好处并不比简单的清凉楼顶更大，但费用是其三倍。[32]

还有很多适应温度上涨的方式，信息是关键的一个。更好的天气预报有助于识别风险，而宣传活动能鼓励居民采取开电扇、多喝水、戴帽子等简单措施。

尽管有些人会自行采取行动适应热浪，但公共措施也是必要的。拥有游泳池的人可以用泳池击退炎热，但对于其他人，保障公共泳池在热浪期间长时间开放则有助于拯救生命。[33]

在美国，地方政府已经和全国机构合作，判定何时热浪来袭，并发布附带教育信息的高温警报，人们可以据此制定计划并保护自己的安全。在芝加哥，类似的行动让三年内高温死亡人数从 700 降到 100。据估计，费城的一项热浪计划在三年内拯救了 117 条生命。法国采取了类似的行动，设法减少了热浪期间 90% 的死亡。[34]

这些适应措施不止在发达国家奏效，在发展中国家也是如此。在 2010 年一次死掉 1.3 万人的热浪后，印度城市艾哈迈达巴德启动了一项“炎热行动计划”（Heat Action Plan），其中包括训练医护人员，分配水资源，以及给屋顶涂上白色反光颜料，让室内温度降低 5 摄氏度。2015 年类似的热浪只杀死了不到 20 个人。不出意外的是，印度其他城市已经开始效仿此举。[35]

如果我们采取合理的适应措施，热浪造成的大量死亡是完全可以避免的。

除了碳税、绿色创新，如果我们要解决气候变化问题，适应措施也至关重要。如我们所见，大部分适应措施都是自然发生的，因为人们会自适应，包括最简单的方式，如带伞避雨、打开空调避暑。但仍然有很多政府资助的适应措施能减少气候损失，包括更好的海岸和河流保护、建立灾难早期预警系统、为社区提供防火措施、采取城市降温措施，其中多数都是具有成本效益的投资，对社会大有裨益。

多数关于气候变化的危言耸听常常忽略了我们的适应能力。还记得第一章中有人宣称美国沿海洪水造成的损失可能超过当前全部 GDP 吗？类似的恐慌建立在我们不会适应的假设之上。但显然，适应会发生，也不用通过什么全球协定，而是通过地方性和全国性的决策。这已经在发生了。

以曼哈顿岛为例。飓风桑迪 2012 年袭击纽约市之际，下曼哈顿地区遭受了重大洪水损失，因为缺乏最基础的解决方案，比如地铁系统的风暴遮罩（storm cover）。2019 年，市长比尔·德布拉西奥（Bill de Blasio）开始推行一项完备的计划，保护下曼哈顿未来不受洪水侵袭，计划包括增强河边护堤和风暴屏障，加高公园，建造沿海延伸带，等等。此外还有其他计划，比如在斯塔滕岛附近建造 8000 米长的防波堤，在罗卡韦附近建造沙丘。[36]

显然，穷人在适应措施上可用的资源较少。飓风袭击贫穷的棚户区会死很多人。飓风袭击富裕的佛罗里达州，可能产生严重的经济影响，但人员伤亡少得多，因为人们能负担起的适应措施多得多。类似地，我们看到蒙特西托和帕拉代斯在大火中经历了不同的命运。是的，它们周遭的植被不同，但还有一个不同点在最终结果中扮演了重要作用：财富。帕拉代斯是工人社区，而蒙特西托是美国最富裕的飞地之一。为了最大限度地提高每个人的适应能力、减少脆弱性，帮助帕拉代斯的居民有更多的经济收入是个不错的开始。[37]

也许关于适应最亮眼的事实是，其多数好处可以相当便宜地实现，只需要短短几天或几年。把此速度与全球碳税迟滞的影响相比，与任何现实的减碳气候政策相比，适应性行动通常提供更多、更快、更低成本的保护。

为了免受自然灾难、海平面上升和温度变化的影响，我们应该在规划和建设基础设施上大力投资。这样做的同时我们必须明白，适应是有效且必要的气候政策。

第十四章

地质工程：一个备选计划

碳税、**创新**以及适应措施可减少二氧化碳排放，让我们提前摆脱对化石燃料的依赖，减少面对气候变化时的脆弱性。然而，我们在贯彻有效气候政策上的过往记录并没有那么光鲜——尽管我们确实在设法运作，但碳税和创新依然没有得到足够的推动。不过还有一个方法能用极低的成本极大地降低温度，仅需几周时间，这就是“地质工程”，本质上是指有意地调整地球的温度。

正因有了这个解决方案，我们进入了未知的领域。人类未曾有目的地在全球范围内改变气候，许多地质工程技术听起来像是科幻小说。可以理解，毕竟整个研究领域都令人感到恐惧。

这不是一个我们应该现在*推行*的政策。但地质工程是气候变化的部分解决方案，值得*研究*。如果我们在碳税、创新和适应措施上不尽如人意，应该把地质工程视为可诉诸的备选计划。因为它奏效非常之快，如果我们需要快速行动避免灾难来临，它或许能助我们一臂之力。

1991 年 6 月的某个漫长周末，菲律宾的皮纳图博火山爆发。

这绝对是20世纪最大的火山爆发，影响了一个人口稠密的地区。爆发产生了大量火山灰和气体，杀死了数百人，损毁了数千座房屋，致使数十万人流离失所。

火山除了造成破坏之外，还影响气候。爆发将大量二氧化硫注入平流层，短暂地使到达地球表面的阳光减少了2.5%；因此，全球温度在接下来18个月里，平均下降了整整0.5摄氏度。[1]

随着对全球变暖的担忧日盛，研究者开始研究能否在没有伤害的情况下，模仿火山爆发对气候的影响。这可以用一种叫“平流层气溶胶注射”（stratospheric aerosol injection）的方式完成，这种方法把二氧化硫等细小颗粒喷射到大气层的顶层，作为抵挡阳光的反射性屏障。科学家提出了一系列传输机制，把二氧化硫送到所需之处——比如用强力的大炮、高空气球或喷洒粒子的飞机。[2]

可以理解的是，把二氧化硫喷入大气层顶部让很多人忧虑。有人担心某个半球天空变黑会对赤道的气候产生无法预测的巨大影响，甚至导致萨赫尔地区出现更多干旱。还有人担心会阻碍光合作用。但是科学家也在调研其他地质工程方案。[3]

其中最便宜有效的方式叫“海洋云增亮”（marine cloud brightening）。海浪在空中制造海盐粒子，海上的云主要由这些粒子周围凝结的小水滴形成。这个方法的想法是，如果能增加海面上空的海盐粒子，形成的云就会拥有更多小水珠。数量少但体积大的水滴意味着云朵更黑（如我们所知，出现乌云就是要下雨了），而大量体积小的水滴能让云更白。如果我们把海上的云变得更白，那就能把更多的太阳能反射回太空，进而给地球降温。[4]

“海洋云增亮”是对自然流程的增速，不会导致永久性的大气变化，因为只要关闭整个流程，就能让世界在几天内恢复到先前的状态。因此我们可以在需要的时候使用。

爱丁堡大学的史蒂芬·索尔特（Stephen Salter）和美国国家大气研究中心（National Center for Atmospheric Research）的约翰·莱瑟姆（John Latham）合作，设置了远程控制、风力驱动的双体船船队，模仿海洋的自然波浪运动，把更多的海盐粒子撒入大气中。船队把海水的水汽洒到30多米的空中，引入更多的海盐粒子，把云朵变得更亮一些——刚好能够降温。[5]

符合人类需求的人为气候调整，长久以来被环保主义者视为可憎之事，或至少是一种狂妄自大。气候是可想象的最复杂的系统之一，我们离完全理解其运作机制还差距甚远。谁敢保证好心之举不会办坏事呢——甚至是大大的坏事？

显然，这项技术及其对全球的作用，我们还有很多不知道的。但是我们有三大理由应该研究地质工程技术。

研究地质工程的第一个理由是，这是唯一一个可低成本大规模降低全球温度的已知方式。哥本哈根共识中心的研究显示，花90亿美元建造1900条喷射海水的船，就能阻止21世纪*所有*预计的温度上升。这是一个充满诱惑的可能性，考虑一下21世纪因全球变暖而造成的60万亿美元损失吧。[6]

第二个理由直接继承自第一个理由。如果改变地球温度相对便宜且容易，那么某个国家，某个充满破坏欲的亿万富翁，或者某个高度积极的非政府组织就可能自行使用这项技术。因此，科学家现在就必须严肃地调查其潜在影响，并分享相关信息，保证我们都知晓地质工程的潜在负面影响。如果存在严重的负面影响，出现破坏性尝试的可能性就更低。[7]

第三个探索此技术的理由是，它能够让我们非常快速地改变地球平均温度。任何标准的化石燃料削减政策都要数十年时间推行，再经由半个世纪的时间才能产生显见的气候影响。相反，像皮纳图博火山一样，地质工程的确可以在几周时间内降低温度。

对于气候变化，我们不了解的地方还有很多，包括它是否为线性发展。强力减碳措施的支持者常常辩称，气候系统中可能有我们不怎么了解的引爆点，达到或超过引爆点，地球就会毁灭。如果他们是对的呢？如果我们某天了解到自己距离灾难只有五年时间了呢？这么短的时间，我们的武器库里没有其他武器可用了，哪怕激进的减碳也需要几十年才有可能实现可观的结果，地质工程是唯一一个能够快速抑制变暖的方法。潜在的隐患显而易见，但如果面对真正的大灾难，我们当然想保留这个备用选项。[8]

地质工程反对者众，反对者恰恰是那些你认为本该最赞同地质工程的人：将职业生涯奉献给解决气候变化的人。2019 年一项针对 700 名国际气候政策相关的气候变化科学家和协商者的调查发现，大多数人认为我们不应该研究地质工程。（有趣的是，如果被调查者认为气候变化对本国不好，就更容易支持地质工程。）[9]

反对地质工程的关键理由是技术不起作用，或是起作用但影响不好，或是影响我们贯彻减碳措施。[10]

第一个理由不过是一个经验主义问题而已。地质工程可能有用，也可能没用。为了得出结论，我们需要科学家去研究。地质工程会造成伤害吗？有可能，但这给了我们更多研究的理由。很多事情当然可能出错。我们可能会改变复杂的降水模型，比如在不想要雨的地方增加了降水，在需要降水的地方减少了降水。如果我们用像平流层气溶胶注射那样的技术减少了阳光，植物生长就会变慢，导致农业产量下降。[11]

反而到目前为止，研究实际上是鼓舞人心的。一组研究者探索了到21世纪末的两种可能情形。其中一个情形是，因为全球变暖我们遇到了高温。另一个情形是一样的，但我们学习皮纳图博火山，开始采用平流层气溶胶注射的措施。在绝大多数人类居住的地方，第二种情形都比第一种好：地球上只有少于0.4%的人类居住区域会出现更多的极端天气，大多数人遇到的极端天气都会减少，极端降水减少，洪水或干旱风险更少。[12]

但是第三个理由，即认为地质工程因为弱化了气候变化的“真正”解决方案所以是坏事的论点，是有严重缺陷的。同样的推论曾用在驳斥任何适应性措施的讨论上。持此论的活动家认为解决气候变化只有一种正确的方式，即减少二氧化碳排放量。当然，我们应该对使用任何有效的方法持开放态度。[13]

此外，认为采用地质工程只会让我们找理由继续碳排放是没有道理的。因为冠状动脉搭桥手术或降胆固醇药物能让吃过量薯条的坏习惯延续下去，我们就应该禁止它们吗？从我的经验来看，没有人是因为知道可以通过搭桥手术来治疗薯条造成的疾病才选择吃薯条。

即使面对众多气候变化活动家的反对，令人鼓舞的是，地质工程研究仍然获得越来越多的支持：在奥巴马总统治下，监管联邦资助的气候研究办公室开展了地质工程研究，这标志着隶属行政部门的科学家首次正式呼吁此研究。这也得到了奥巴马的科学顾问约翰·霍尔德伦（John Holdren）的支持。在《巴黎协定》达成之后，11位顶级气候科学家宣称《巴黎协定》太弱了，无法阻止气候变化的影响，并宣布支持地质工程研究。[14]

在哥本哈根共识中心的一项成本效益研究中，研究者估算了地质工程的收益。他们发现，在这一领域每投入 1 美元，就能达成价值2000美元的总收益。但令人吃惊的是，相对于其潜力而言，政府其实只在该技术的研究上投入了很少的政府资金。全球极少数建造撒盐船原型的组织之一并不是气候组织或政府机构，而是探索频道，目的是制作一部娱乐性纪录片。[15]

为什么政府不愿意在地质工程上花钱呢？部分原因似乎是，任何国家研究该技术都可能引发复杂的国际政治议题。但部分原因还在于，许多气候活动家旗帜鲜明地反对地质工程。活动家宁愿不惜任何代价削减二氧化碳排放量，也不愿意投资一种能让工厂继续排放二氧化碳的解决方案。相比于减少温度上升，活动家更关注如何减少化石燃料的使用。这听起来不合道理。

当然，只是避免温度上升并不能解决每个气候变化相关问题。但是记住，没有哪项符合实际的气候政策能够解决所有（甚至大部分）气候变化问题。

如果地质工程能够在副作用很少乃至没有的情况下，避免一大部分预期的气候变化损害，对人类来说就是非常有用的干预了。事实上，如今我们正在考虑的减碳政策都要花费数百万亿美元但收效甚微，相反，哥本哈根共识中心的研究表明，只花 0.009 万亿（90 亿）美元就能解决气候变化的大部分问题，节省下来的巨资就能用在其他有益的方面了。

研究了地质工程优点的哥本哈根共识中心研究者建议现在就投入数千万美元开始研究，并在未来几十年增加到几十亿美元。

这是令地质工程实际起作用的合理投入水平，同时产生尽可能少的负面作用，且使我们所有人都充分了解情况。[16]

我们不应该现在就开始实施地质工程，因为技术尚未成熟，我们对其还不够了解。但是我们不能不去研究它。它可能是拯救地球的最佳备选方案。

第十五章

繁荣：我们需要的另一个气候政策

我们已经探究了如何设定碳税，探究了可以用创新和适应措施实现什么，探究了地质工程作为备选政策，但是还有一种没有得到足够关注的方式，事实上它甚至没有被普遍认为是气候政策。那就是让国家变富。

我们探索了位于河流三角洲的低地国家孟加拉国和荷兰，充分展现了把繁荣视为气候政策的理由，并剖析了它们在气候变化中的差异。两个国家都易受洪水侵扰：孟加拉国 60% 的国土易发洪水，荷兰 67% 的国土也是如此，两国都面临着全球变暖的强劲挑战。但它们面对气候变化的脆弱程度及回应能力，是迥然相异的。在因海平面上涨导致的洪水方面，尤为明显。[1]

1953 年荷兰遭遇毁灭性洪水。海水冲破泽兰、南荷兰和北布拉班特等省份的堤坝后，造成超过 1800 人死亡。灾难促使荷兰政府在接下来半个世纪大规模投资洪水预防措施，广泛建立了大坝和风暴潮屏障系统。这个被称为“三角洲工程”（Delta Works）的项目最终总耗资 110 亿美元。该计划由于太过庞大，有时候也被称为“世界第八大奇迹”。自 1953 年起，荷兰只发了三次洪水，只有 1 人因洪水死亡。[2]

相反，孟加拉国依然遭遇大规模洪水。2019 年，洪水迫使 20 万孟加拉国的人民背井离乡，400 万人陷入粮食危机。在 21 世纪的头二十年里，超过 3000 人死于洪水。每年洪水都造成巨大破坏，夺走生命。[3]

显而易见的真相是，发达国家能花在气候变化防护上的钱比发展中国家多。发展中国家脱贫乃是减轻气候变化损害的一种必要方式，但人们对此方式缺乏讨论。

我们再看看（第九章中）联合国科学家提出的三种道路。在每种道路里，孟加拉国都会变富。如果我们看中间道路，到 21 世纪末，该国将和现在的荷兰一样富裕。如果我们看最佳场景——可持续（绿色）和化石燃料道路——也就是有大规模的教育、健康和技术投资，那么到 21 世纪末，孟加拉国依然比现在富得多。

在可持续发展路径中，孟加拉国将在 21 世纪 80 年代初比现在的荷兰更富裕。在化石燃料发展路径中，该国甚至富得更多更快，将在 21 世纪 60 年代末超过如今荷兰的水平，也就是距今不到 50 年。

随着孟加拉国变富，它将有能力更多地投入适应措施。道路和铁路的洪水防御工程，保护农业用地的河堤，以及主要城镇的排水系统和腐蚀控制措施预计初始耗费将近 30 亿美元，到 2050 年每年耗资 5400 万美元。虽然初始成本大约占孟加拉国如今 GDP 的 1%，但到 21 世纪 50 年代这一费用会降至十分之一乃至更低。显然，随着孟加拉国变富，广泛的适应措施将随之而来，发展越多，适应措施越多。在 21 世纪结束之前，如果孟加拉国变得比今天的荷兰更富裕，将拥有至少跟荷兰现有防洪和海防设施一样好的设施。[4]

如今，孟加拉国每年要花将近 30 亿美元补贴天然气和驱动电力生产的化石燃料，为公民提供能源。随着收入增加，孟加拉国不仅能减少补贴，还能实施碳税，并像发达国家一样投入绿色能源研发。如果你穷，就燃烧便宜肮脏的燃料；如果你富，就有钱补贴风力涡轮机。[5]

选择高增长路径，保证孟加拉国脱贫，获得更高的收入，从而更有余裕推出适应、创新和碳税等措施，*这本身*就是气候政策。是的，发展也导致更多的碳排放、更高的温度和更大的气候损害，正如图 15.1 中的虚线和实线的差异所示。但是积极效果远远大于负面效果，因为此情景下有更强的气候韧性、更可持续的长期气候政策，以及自身的繁荣发展。

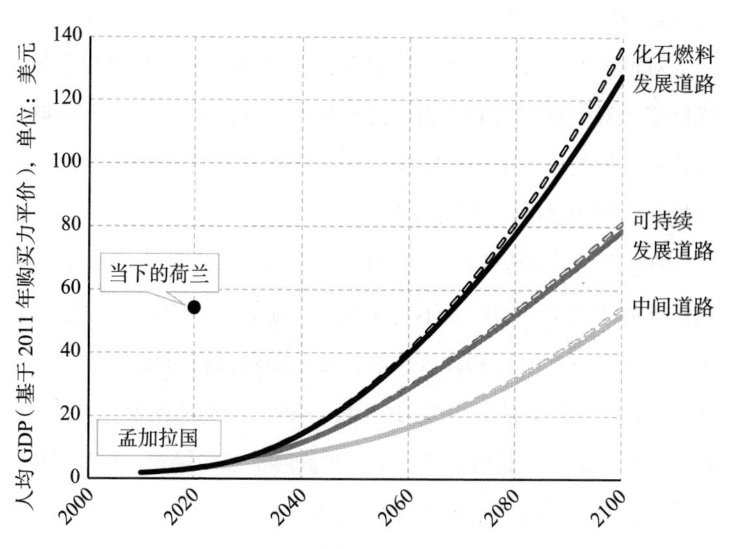

图 15.1　21 世纪孟加拉国人均 GDP 的三大情形[6]

虚线表示实际情况；实线表示根据气候损害调整后的情况。2020 年的荷兰用于参考。

我们实施任何气候政策都是为了让世界变得更好。我们的目标是让全球的环境和人民的生活变得比我们什么都不做时要好。这是为什么要设置碳税降低排放量，从而让温度变得没那么高的原因。我们投资绿色研发，寻找低碳或零碳能源技术，打败化石燃料，降低碳排放，减少温度上升。我们投资适应措施和地质工程，用于减少和抵消全球变暖的负面效应。

但一个无法规避的事实是，所有这些政策，都会消耗本可让人们生活更健康、更长寿和更繁荣的资源。如果我们把一些资源放到促进有效发展和人力资本投资上，那么人们就更能负担得起昂贵的绿色能源，更有能力投入适应措施。从社会整体来看，就有更多的钱应对气候变化。

对世界上的穷人来说，尤其如此。正如我们在第十章中所见，气候变化对全球穷人的影响远甚于富人。事实上，气候给全球穷人造成的痛楚常常被当作减少二氧化碳排放的显见理由，促使本来投向发展的援助投向气候项目。

在受温度上升影响最大的国家，非常显而易见的是，穷人脱贫意味着受热浪的影响就不会那么重，他们所处的社会也能更好地提供带空调的医院和社区中心，帮助脆弱人群对抗炎热。这意味着，他们的社会能建更多的公园、水面、凉爽的屋顶和人行道，城市环境更凉爽。这也意味着个人越来越能热时降温、寒时保暖，因为降温和保暖的成本越来越低。

保证更广泛的繁荣，也意味着更少人依赖小规模农业。小规模农业常常会因遇到一场天气灾难而使全家蒙难。繁荣的社会能帮助人们从依赖受天气影响的农业转向不受天气影响的制造业和服务业。一个更加繁荣的社会也能提供更好的健康服务，帮助减少全球变暖造成的负面影响。它们提供更好的社会保障，即便气候变化伤害本地农业，也只有更少的人营养不良。

历史表明，社会更富足意味着能阻止森林砍伐。孟加拉国在砍树的时候，荷兰正在植树造林。随着人们脱贫，不必为生存花太多精力，对保护自然、减少空气和水污染就越来越关注，并开始重新植树造林。尽管随着海平面上升，在湿地适应措施上不投入额外资源的情况下，全球湿地面积及其生物多样性预计将减少，但富裕的社会则更可能拨出资源创造更多的湿地新空间。总体来说，发达国家可能增加高达 60% 的湿地。[7]

当然，一个更好的社会还能享有许多其他方面的改善，远远不只是应对气候变化。年轻人拥有更好的教育和更多的就业机会，医疗、弱势人群保护上也有更多资金投入。荷兰自有其问题，但极端贫困并不在其中。

这不意味着我们对气候变化袖手旁观。许多气候政策是非常具有成本效益的，我们绝对应该实施。但是这的确意味着我们需要更清晰地衡量气候政策与其他政策相比的成本与收益，并发问：什么领域最有助益？我们将在下一章中探讨这一“大哉问”的答案，但并不意外的是，最好的答案之一就是尽快提升孟加拉国这种国家的福祉水平。

繁荣作为气候政策的理念鲜为人知。我们过于关注具体的行动，比如安装太阳能板或戒断肉食，但这个理念已经存在数十年。1992 年，气候协商刚刚开始，诺贝尔经济学奖获得者托马斯·谢林（Thomas Schelling）（我已与之合作数十年）第一次提出了问题：减少二氧化碳和实施适应措施，真的是帮助穷人的最好方式吗？或者说，如果我们专注于让他们变富能不能实现更多？"谢林猜想"表明，变富可能是更好的助人方式，即便要面临气候问题。[8]

回答谢林猜想最有力的例子是2018年的一篇研究，该研究花六年时间跟踪了1600个坦桑尼亚农村家庭，分析其面对异常天气冲击时的脆弱性。该研究发现，炎热的年份对赤贫者的影响与其他人不同。赤贫家庭在炎热年份可供消费的食物和机遇更少。社会等级高一到两级的人，虽然仍旧贫穷，但相对好些，他们没受到异常天气的影响。他们的食物和总体消费在炎热年份甚至稍微*增加*了。为什么？因为"相对不"那么穷的人有多个（微小的）收入来源，不只是农业，更常是商业和零售业。当温度上升时，他们可以更好地使收入多样化。他们也更有钱投入灌溉等方面，或许还会尝试产量更高但种植风险更高的农作物品种。相较之下，赤贫者则理所当然地对有风险的投资避而远之，受困于繁重的户外农业劳作，而温度飙升时，在户外进行农业活动则愈加艰难。[9]

教训很简单：即便你别无他想，只是想帮助坦桑尼亚赤贫者减少遭遇气候变化时的脆弱性，那么最好的方式就是帮助他们脱离赤贫，让赤贫者变得不那么穷。

事实上，2012年的一项研究调查了气候和繁荣政策对全球所有地区的影响。结果显示，即使目标仅仅是缓解气候问题，对最穷困的地区来说，最佳策略也是专注于发展，而不是气候本身；即使我们的单一目标是减少气候变化的影响，最佳方式之一也是帮助世界上的穷人脱离贫困。繁荣可以是非常有效的气候政策。[10]

第五部分

解决气候变化
及全球其他所有挑战

第十六章

结论：如何让世界更美好

气候政策的目标是让世界更美好。如今，我们站在十字路口。我们可以在同一方向上继续奔驰，但三十年来失败的气候政策告诉我们，这条路并不会让世界变得多好，且让我们付出了巨大成本。或许我们可以选择一条不同的路，能更多地帮助人类和地球。

让我们审视大局。与其只是思考气候变化这个单一议题，不如一起看看我们人类在当下面临的所有重大挑战中做得如何。

形势是更好还是更坏？回答此问题的一种方式是审视这些挑战，看人类付出了什么样的代价。

图 16.1 是我与十个世界级经济学家团队合作完成的工作。我们试图弄清从 1900 到 2050 年，不同的全球问题造成了多少成本，以及将造成多少成本，以占 GDP 的百分比计算。数据揭示了两个关键点。[1]

首先，形势总体上在变化。从空气污染到性别不平等，到营养不良，人类已成功减少了面临的最重大挑战造成的影响，并将更进一步地减少。如果我们回想 1900 年的世界是什么样，再看看如今的世界是什么样，这一结论就不足为奇了。

其次，这一数据告诉我们，气候变化只是海量大大小小的问题中温和的一个。[2]

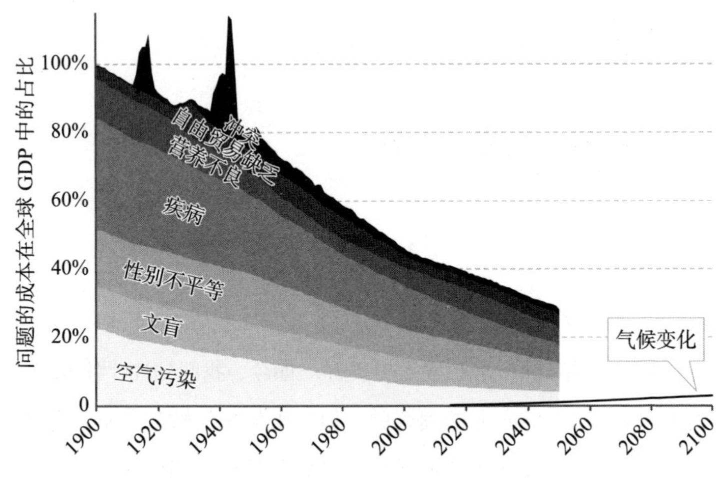

图 16.1　不同全球问题造成的成本[3]

图中展示了，1900—2050年，如果我们解决了不同的问题，世界会变得多富。最优政策下气候变化的成本供对比参考。

人们害怕气候变化甚于其他。全球被调查人口中有一半认为人类是可能灭绝的，面对可能的灭亡，任何支出都是合理的。[4]

但是记住，我们曾经也被吓坏过。20世纪60年代和70年代，对于环境良善而必要的担心出现了暗黑的转向。思想领袖们信心十足地认为地球面临末日，他们预测未来将出现人口过剩、饥荒、污染，伴随着社会和生态崩溃。

在传播这一悲观信息方面，无人能与斯坦福生态学家保罗·埃利希（Paul Ehrlich）相匹敌。他是约翰尼·卡森（Johnny Carson）主持的《今夜秀》（*The Tonight Show*）节目的常客，向美国公众预言地球在毁灭边缘，尤其是因为越来越多的人在吞噬资源，产生污染。在1970年哥伦比亚广播公司（CBS）的全国新闻上，他解释称世界将在 1985 年之前终结：“在未来 15 年内，末日将来临。我说的‘末日’是指地球支撑人类的能力完全崩溃。”其他有影响力的学者也同意末日将近，区别在于所剩时日：少则五年，多则三十年。媒体抓住了这些新闻。比如《生活》（*Life*）杂志在 1970 年报道“恐怖在前方匍匐”，十年内“城市居住者将必须佩戴防毒面具才能在空气污染中生存”。[5]

但是这些警告大错特错。埃利希预测 20 世纪 70 年代将有 20 亿人死于饥馑。他错了 99%。他宣称到 1980 年，美国人的平均预期寿命将是 42 岁。1980 年的现实数字是 74 岁。洛杉矶人在 20 世纪 80 年代也不需要佩戴防毒面具抵御空气污染，反而是更容易呼吸了，因为出现了催化转换器等科技突破和更严格的环境法规。世界并没有终结。[6]

然而末日论调造成了重大伤害。如果世界变得人口过剩，那么研究者和政客得出的结论就是，人类有必要少生孩子，尤其是穷人。人口控制进而被视为“欠发达地区唯一可能的救赎”，埃利希如是说。一些研究者开始考虑在饮用水或主要食物中添加化学品，令世界上的穷人暂时不孕不育，这为结束政府实施的强迫绝育和强制堕胎等骇人听闻的虐行提供了紧迫性和合法性。仅 1976 年一年时间，印度政府就强迫 620 万男性绝育。[7]

世界因饥饿处于不可逆转的崩溃边缘，一些顶尖环保主义者因为这一理念考虑切断某个国家或地区的全部食物援助。他们认为持续的食物援助会导致更多孩子出生，这些孩子将不可避免地在未来的饥荒中死亡。埃利希主张人类最有希望的方案是切断对越南、泰国、埃及和印度的食物援助，然后对饥馑和食物骚乱袖手旁观。如果我们没有遵循诺曼·博洛格的建议，没有推行绿色革命，没有走上创新和提高农业生产力的路，人类可能会蒙受令人恐惧的磨难。埃利希的方法可能是因对末日式传言的担忧而催生的恶劣政策建议中，最令人发指的例子。[8]

恐慌并不仅仅带我们走向恶劣或无效的政策方案，它还能导致我们关注错的问题。我们在整个环保运动历史中看到过。

环保组织、活动家、政客早期的关注点多是制定法规，以保护我们免受可能的污染侵扰。这种关注很大程度上是因为蕾切尔·卡森（Rachel Carson）1962年的畅销书《寂静的春天》（*Silent Spring*）。她在书中称滴滴涕和其他毒素正在杀害鸟类和儿童。卡森正确地指出美国政府在保卫自然和人类不受危险化学品伤害上做得不足。但是即使在当时，她的担忧也是夸大的：她害怕滴滴涕等毒素导致更多的孩子和成人死于白血病，但美国白血病死亡率从20世纪60年代开始一直在下降。即使是联合国也宣布滴滴涕等毒素造成了一半以上的癌症，而正确的数字可能低于2%。[9]

由此产生的全国性恐慌导致联邦政府更关注减少毒素风险。监管毒素的总成本到20世纪90年代中期已超过每年2000亿美元，但是这些政策的投资回报率很低。哈佛大学的一个研究团队评估了监管措施，发现其中大多数都很低效。比如，橡胶轮胎制造工厂的苯排放控制，每年成本是1亿美元，但收益是每4000年才会拯救一条生命。[10]

哈佛的研究团队通过损伤控制项目（比如软垫家具的防火标准）和医疗项目（比如宫颈癌筛查），把毒素控制和其他拯救生命的监管措施做对比。

在拥有足够数据的185项救命监管措施中，美国的年均总成本是210亿美元，监管措施每年拯救6万人。然而，如果专注于最有效的监管措施——大大减少毒素控制，增加损伤控制，大大增加医疗项目——同样的210亿总成本每年能够拯救12万人。粗暴点说，20世纪60年代和70年代被放大的毒素恐惧每年至少谋杀了6万人；也就是说，如果公共政策首先聚焦于实施最有效的监管措施，那么死去的生命本可获得拯救。[11]

我们要停止重蹈历史的覆辙。如今的气候变化运动鲜明地呼吁历史上最大规模的资源调动，将人类推入抗击温度上升的“战时状态”。与其制定基于恐惧的“膝跳式”政策，我们反而需要保证应对得更有效、更高效。

我们已经讨论了许多导致气候争论简单化和恐慌化的因素。研究者发现，在研究气候变化影响的时候，忽略人类适应能力等复杂因素更为简单：媒体迅速跟进，喜欢诉说简单清晰和耸人的故事；政客表现得与选民一样同仇敌忾就能获得选票。人人都成了赢家。

这种利益纠缠导致了过去产生的坏决策。你可能听说过“军工复合体”（military-industrial complex），1961年艾森豪威尔总统发明了这个术语，用来警告大型军事机构和武器工业悄然渗入“每座城市，每栋州议会大厦，每个联邦政府部门”所造成的过度影响。[12]

军工复合体在冷战时兴起，是对两极对峙的回应。20世纪50年代，普遍看法是苏联经济将急速增长，并超过美国。这一局势判断是大兴国防的有力论据。

结果是苏联增长的统计数字被大大高估了。但与此同时，又很难在不被贴上叛国者标签的情况下站出来说："也许我们应该在健康和教育上多投入点？"因此军事投入日渐增长，其周边工业和提供军事相关研究的大学也随之增长。多股力量汇合，制造了一股全国性恐慌。孩子们在学校开展防空演练，人们在自家后院里建造掩体。[13]

这种恐慌的成本是巨大的，不只是实际消耗的资源，还有那些本该投入在其他地方的机会。如果花在美国庞大军事上的资金花在癌症研究上呢？花在教育上呢？花在贫穷孕妇的产前护理上呢？花在重建基础设施上呢？如果美国，乃至全世界没有陷入这场虚惊之中，现在会是什么样呢？

类似军工复合体的情况正在气候变化上出现，但这次换了一些参与者。气候变化需要我们的注意力，但是它已经成了占据所有精力的焦点了，部分原因是太多人会从这种恐慌中受益。政客和媒体负责人当然是受益者，大企业也是。

毫无疑问，许多首席执行官真诚地担心全球变暖，但是他们也准备从碳监管中大捞一笔。这种利益在能源行业尤其明显。在任何气候会议，你可以发现风能制造商赞助的有关气候危机的媒体报道在为显著增加其收入的政策站台，同时敦促政府大力投资风能市场。

即使未深度参与绿色能源的公司也准备分一杯羹。当然，有些企业为了品牌，公然给自己披上一个亮绿色的外套，有的企业则准备用消费者并不是很清楚的方式获得利益。比如在欧洲实施气候政策的头几十年里，许多能源公司从欧洲的限额与交易制度（cap and trade system）中额外攫取了数百亿美元的收入。欧盟的目的是让能源公司购买抵消其排放的许可证书，然后企业将成本转嫁到消费者身上，进而用金钱激励企业和消费者减少对化石燃料的依赖。然而，企业更容易接受自己能从中挣钱的立法，而不是让自己掏钱的立法。所以在实践中，欧洲政府把大多数许可证免费发放给企业，但是企业依然就像自己为证书付过钱一样，向消费者收费。单欧盟排放交易的头八年，包括许多煤炭发电厂在内的企业就额外挣了 800 亿美元。2009 年，当美国考虑采取限额与交易立法的时候，美国能源公司满怀期待地认为自己也能像这样获利。那一年，能源公司花在气候变化上的游说费用翻了三倍，超过 3.5 亿美元。[14]

安然（Enron）公司率先与政客在支持气候变化的行动上形成友好的合作关系。它收购可再生能源公司和碳信用交易机构，期待自己能从气候协议中大赚一笔。《京都议定书》签署之前，安然公司内部的一则备忘录称："如果《京都议定书》施行，将比其他任何监管行动更能促进安然的生意。"我提此事的寓意？当公司开始呼吁更多的环境监管时，我们要非常仔细地审视他们可能想从中攫取的利益。[15]

环保活动家也在这个故事中占据一席之地，有时候无意地助长了恐惧。安然公司吹嘘自己"与众多'绿色'利益团体有深度的合作"，其中包括绿色和平组织（Greenpeace）和气候行动网络（Climate Action Network）。这些关系抬高了该公司，因为这些环保组织通过描绘灾难和末日景象，提升了公众为补贴及资助其他昂贵气候政策买单的意愿。[16]

我不相信有某种宏大的阴谋在推销环境危机的恐吓型新闻故事，但我真的认为企业、媒体和政客正在从这些新闻中获利。这种利益的交织很大程度上能解释为什么气候变化的论争已经远远脱离了科学现实。

气候政策的意义是什么？让世界变得更美好，为我们所有人，也为子孙后代。对我来说，这意味着我们需要扪心自问一个更宏大的问题：如果目标是让世界更美好，那气候政策是我们应该专注的首要之事吗？

当然，这是我们应该专注的一件事。我们必须控制温度上升，确保脆弱者能适应。但当下流行的气候政策，如安装太阳能板和风力涡轮机产生了隐秘的副作用：它们推高了能源成本，伤害了穷人，造成减碳效率低，让我们走上一条不可持续之路，纳税人最终可能会揭竿而起。相反，我们应该在创新、合理的碳税、地质工程研发以及适应措施上投入资金。

但也需要意识到，减缓全球变暖只是我们让世界变美好的众多事情中的一件而已。

让世界更富裕也很重要。如果我们走上了让地球尽可能富裕的道路，到 21 世纪末，世界每年都可以多出 500 万亿美元。这本身就是一个良性目标，同时也有助于解决气候变化。人们越富，面对全球变暖就越具韧性。

为了让世界更富裕，必须投资医疗、教育和科技，但我们无法全都要。当前的气候政策太昂贵了，会消耗太多潜在的未来 GDP，留给促进繁荣的政策的资金就少了。

最终，我们花在让世界变得更美好上的钱，就变得有限。所以我们需要抉择，我们需要权衡。好消息是有大量数据证明最佳投资是什么。

美国及世界上其他所有国家都已经采用了所谓的全球目标（Global Goals）或可持续发展目标（Sustainable Development Goals）。这些目标都是联合国制定的，涵盖 169 项具体目标，从减少性别暴力和贫困，到提高营养和宽带接入，到解决气候变化和能源短缺。

我在哥本哈根共识中心与 50 个经济学家团队及几名诺贝尔经济学奖获得者合作，分析了这些发展投资，发现了哪些方案能实现对人类的最佳“投资回报”（见图 16.2）。[17]

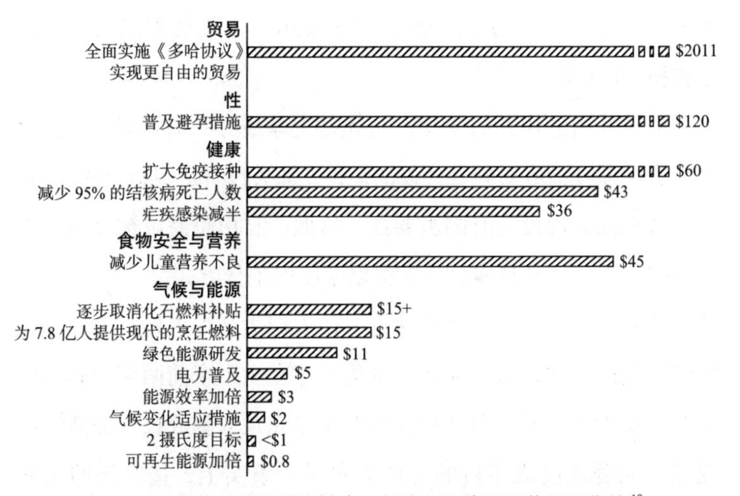

图 16.2　每花 1 美元投资社会、经济和环境所能获得的收益[18]

不同政策能在多大程度上帮助世界？每项政策都由经济学家估算了其总成本和总收益。右侧柱状图表示社会、经济和环境每获得 1 美元投资能实现多少美元的收益——越长表示收益越多。

我们可以用本书一以贯之的成本效益思路来思考这些政策。明智的气候政策产生良好的投资回报率。但我们在气候政策以外的介入可为人类实现更多。

居于首位的是更自由的贸易。自由贸易近来受到左右派政客抨击，因其伤害了脆弱的社群，比如“铁锈地带”（工业衰退区）的制造业工人。这是只见树木不见森林了。政府可以花数十亿美元支持受自由贸易损害的脆弱社群，收益仍然远大于成本。全球范围内，更自由的贸易花掉的每 1 美元就能释放惊人的 2000 美元的社会收益。这些益处大部分都流向了全球最穷的人，他们如果能成为全球市场的一员，将获取多得多的机会。不幸的是，全球几乎已经放弃被称作“多哈发展回合”（Doha Development Round）的新一轮贸易谈判了，但经济学家估算，如果我们成功达成这样的自由贸易全球协定，到 2030 年，发展中国家人均每年富裕 1000 美元。[19]

记住，通过让人们变富，尤其是全球最穷的那些国家，自由贸易会增强社会应对异常气候的韧性，加大投资适应措施的能力，大大降低面对温度上时的脆弱性。借此，自由贸易可被视为明智的气候政策，也是整体提升人类繁荣度的绝佳方式。

其他政策也对世界大有裨益，让人们生活得更好，进而助我们解决气候变化，增强韧性。避免儿童在生下来前两年营养不良需要大概 100 美元。而良好的营养帮助儿童大脑成长，提高学习成绩，显著提高成年后的生产力水平。事实上，按今天的美元价值算，这 100 美元花费将平均提高儿童的终身收入 4500 美元。在抗击婴儿营养不良上每花 1 美元，就能产生 45 美元的社会收益。以这一研究为依据，各国政府承诺在营养上投入 40 亿美元，但还需要更多的资金。[20]

在投入更多资源抗击全球头号传染病杀手结核病上，也有一个令人信服的例子。慈善家和政府严重忽视了这种病。它主要杀死壮年期成人，令儿童失去父母。只需年均大概 60 亿美元，我们每年就能拯救将近 160 万人的生命。父母得以继续工作，儿童不会变成孤儿。在接受哥本哈根共识中心的访谈时，比尔·盖茨总结称在结核病、免疫、脊髓灰质炎、疟疾等方面的投资是“我做过的最佳投资”。[21]

减小获取避孕药具的难度亦是一项革命性成就。全球发展中国家有 2.14 亿女性想避孕，但没有接触现代避孕措施的渠道。解决这个挑战，每年的投入要比目前多 36 亿美元。此举能立即拯救生命，每年可避免 15 万孕妇死于分娩，原因是怀孕人数减少了。更好的家庭生育规划也有助于父母更好地分配给每个孩子的金钱、时间和情绪。父母的投资能让孩子成年后更具生产力。因为成年人将变少，每个孩子最终也都可以使用更多的资源，整个社会将变得生产力更强，经济增长更快。在避孕和家庭生育规划教育上每花 1 美元，将为发展中国家带来 120 美元的社会收益。这一研究近期说服了英国政府拿出 6 亿英镑，为发展中国家的 2000 多万名成年女性和青少年女性提供家庭生育规划服务。这是好事，但仍是杯水车薪。[22]

这些投资除了都令人信服之外，还有什么共同点呢？它们都资金不足。如果我们分配更多的资源，就能进一步解决这些问题。记住，如今大约四分之一的援助资金都被用在了气候援助项目上。事实上，如今花在气候援助上的钱，除去对避孕、结核病、疟疾、免疫等所有干预措施的资助，还有剩余。花在气候援助上的钱就没法花在别的地方了。许多一心扑在解决气候变化问题上的人，也赞同在全球最贫困地区普及避孕措施、减少贫困、消灭疾病。但是他们常常忘记了权衡各项的投入。

我们当然需要解决全球变暖——这是实实在在的问题，我们要实施政策，限制全球变暖的程度，又尽可能地控制其影响。

但是如果我们真的想要世界变得更美好，必须万分小心，对气候变化的关注不能让我们在其他关键问题上分心。让世界拥抱自由贸易，消灭结核病，保证人们接触到营养的食物、避孕药具、健康知识、教育和技术。

把注意力放在气候变化相关的吓人新闻上，导致我们做出错误决策。作为个人，我们被迫改变生活，既有小事（不吃肉），也有大事（放弃成为父母）。在国家层面，我们缔结协议，许诺在非常低效的减碳政策上挥霍数以百万亿计的美元。

在糟糕的气候政策上过度投入不只是浪费钱，它还意味着在*有效的*气候政策上投入少了，在当下和今后能提高数十亿人民生活水平方面投入少了。它不只是低效，在道德上也是错误的。

过去一个世纪，得益于人类的聪明才智和创新，世界变得更美好了。现在面临的抉择，是让恐惧驱动我们的选择，还是再次用我们的聪明才智和创新给子孙后代留下尽可能好的世界。

后 记

自 2020 年《错误警报》首次出版之后，我在书中描绘的诸多趋势仍在继续。比如，在发达国家，对气候变化业已很深的担忧变得更深了。事实上，一项近期的调查显示，当下发达国家 60% 的人相信，彻底的气候变暖有可能或非常有可能造成人类灭绝。发达国家的政客加大了不切实际的环境承诺，花费大量资金但收效甚微。与此同时，主流气候科学研究依然表明，气候变暖虽是问题，但并非世界末日。[1]

同时，在这几年中，我们又更多地了解了政策措施的影响。比如新冠肺炎疫情，这是一项史无前例的“非凡实验”，解释了减少碳排放的局限性。2020 年疫情高峰时期，全球大部分地区的日常生活陷入停顿：工厂关闭；员工居家办公，办公室关门；飞机停飞；道路上没什么车在跑。从很多方面来看，这正是很多欧美发达国家的气候活动家长久以来所敦促的减碳方式。由于这些应对措施，全球碳排放量史无前例地减少了 6%——自二战以来最大的年均削减量。

但是，这一削减量——付出了巨大的经济和社会代价——对到 21 世纪末的气候变化，几乎没什么影响。新冠肺炎疫情期间的削减量比我们在《巴黎协定》中规定的应在 2020 年达成的削减量还少。到 2021 年，为了实现承诺，我们应该减排的量要比 2020 年疫情减排量的两倍还多——到 2024 年，应该减排的量是 2020 年因疫情导致的全部减排量的五倍以上。当然，这些都没发生。现实中，全球都渴望回到疫情前的生活。碳排放量很快就反弹了。[2]

回头来看，对疫情的控制措施可以看成对环保主义者大规模减少碳排放梦想的一次意想不到但痛苦的实验。它证明了，为了有效地抗击气候变化而剧烈改变我们的消费习惯，是不切实际的建议。与达沃斯论坛上名人的演讲相反，如果我们全都更少开车、更少坐飞机，仅做个人的努力，是解决不了气候变化的。

《错误警报》出版后不久，美国选出了新总统拜登。他骄傲地把环保行动置于其政府议程之首。他承诺到 2030 年，美国温室气体排放比 2005 年减少 50%—52%，所有新车销售量中电动汽车占一半；保证到 2035 年，实现电力 100%无碳化；到 2050 年，实现碳的净零排放。[3]

拜登总统实现这些宏伟目标的主要工具是《通胀削减法案》（Inflation Reduction Act），白宫称其为“历史上解决气候危机最重要的立法”。2022 年 8 月签署该法案时，拜登总统宣称“《通胀削减法案》投资 3690 亿美元，采取应对气候危机史无前例的激进行动”。但现实业已表明，拜登政府大大低估了法案的实际成本。在电动汽车制造业，以及太阳能、风能、储能和生物质能、清洁氢能和碳捕集领域，该法案给予企业免税额度。这些免税额度没有上限，可想而知企业会排队伸手。根据高盛的研究，总成本可能是 1.2 万亿——政府预计的 3 倍。用高盛的精巧话术来说，如此大规模流向大企业的现金流，成就了绿色能源推进史上“最受监管支持的环境”。然而，正如我在本书中所解释的，大问题在于，政策制定者正大规模支持的公司，多数在推行低效的技术，而不是专注于创新，研发我们急需的解决方案。[4]

而且，这么大的支出对气候变化不会产生什么影响。把拜登政府描绘的预期减排量代入所有联合国气候报告使用的气候模型中，计算一下该法案对气温的最佳可能效果，便可一目了然。联合国的模型显示，如果该法案持续到 2030 年资金用尽之后，到 21 世纪末，全球气温增长将仅仅减少 0.0005 摄氏度。即使我们慷慨地假设，21 世纪剩下的年份中，每年的减排量都与 2030 年维持在同一水平，对全球气温的影响也只有 0.016 摄氏度，依然微不足道。不消说，拜登政府并没有就《通胀削减法案》对气温的影响作任何估算。[5]

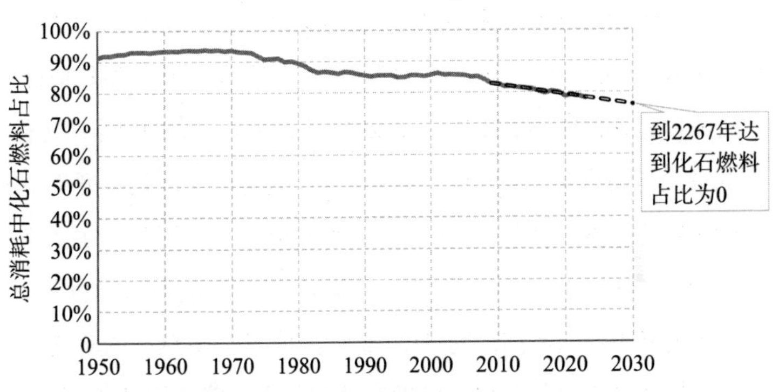

图 E.1　1950—2023 年美国能源总消耗中化石燃料占比[6]

虚线表示 2009—2023 年最佳线性趋势，向未来延伸可知将在 2267 年达到占比为 0。

尽管如此，在法案签订后的一年内，《纽约时报》就赞扬《通胀削减法案》表明美国正在“快速从化石能源转型”，该报连篇累牍地报道那些标榜绿色能源开始占主导的新闻。但是有很多新闻报道并不等于真的在更大范围地从化石能源快速转型。要想了解美国是否正在快速从化石能源转型，我们可以看看拜登政府能源信息署（Energy Information Administration，EIA）的全国数据。如图 E.1 所见，2023 年并无剧烈削减——只是能源构成中化石燃料的占比在非常缓慢地连续减少，但过去半个世纪一直如此。与其说是快速转型，不如说 2023 年正处在过去十五年的趋势之中。[7]

而且，延续这一趋势并不意味着美国未来很快就能实现化石燃料零使用或接近于零的使用。事实上，按目前的趋势，美国将在 2267 年实现化石燃料的零使用，也就是距今 240 多年后。拜登政府能源信息署最新的数据也表明，即便是《通胀削减法案》加大补贴、加速减排，美国也只可能在下个世纪末实现化石燃料零使用，大概是 2200 年。

关于到 2030 年新车售卖中一半是电动汽车的承诺又是怎么回事呢？这不太可能发生。据拜登政府能源信息署 2023 年的最新估计，即便是实施《通胀削减法案》，到 2030 年，所有售卖的新车中也仅有 14%是电动汽车。到时候，美国公路上跑着的 3.11 亿轻型车中，电动汽车仅有 3800 万辆，占比 12%。到 2050 年，大部分（2.61 亿辆，占比 84%）的轻型车仍将由化石燃料驱动，剩下的是混合动力车。[8]

绿色能源鼓吹者描绘的过度乐观的图景中，不只有电动汽车。我一开始写这本书的时候，已经有人宣称全球碳排放量和化石燃料使用正在达到顶峰。而我这篇后记写于的 2023 年，已创造人类历史上碳排放量的新纪录。事实上，拜登政府的能源信息署发现，即便把当前的政治承诺算进去，化石燃料的使用率仍将持续增长至 2050 年。[9]

国际能源署和拜登政府能源信息署的数据都表明这种能源趋势会持续到 2050 年。国际能源署估计，全球可再生能源的使用率将从 2022 年的 15.7%上升到 2050 年的 33.5%。拜登政府能源信息署预测的增长相对较小，到 2050 年是 25.6%。尽管两种预测都显示在接近 2050 年时增速会放缓，但如果我们线性地看待数据，可以推导出世界将在何时达到 100%的可再生能源使用率。乐观的国际能源署预计在 2153 年可再生能源使用率将达到 100%，而拜登政府的能源信息署则显示要在 2253 年达到。即便是乐观的假设，我们也距离这一目标尚有 130—230 年。

显然，当前的方式是不奏效的。仅靠政客和活动家的夸夸其谈、大胆承诺和对绿色能源的鼓吹，并不能解决气候变化。即使气候变化成了拜登政府的优先事项之一，其成果也远远称不上惊艳：从化石燃料向可再生能源转型只见诸《纽约时报》等媒体支持者的报端，并未出现在现实中。

本书出版后的几年里，我们在媒体中看到的极端天气事件更多了。在既有的趋势之下，近年来全球媒体热衷于报道 2019—2020 年的澳大利亚大火，2021 年 6 月加拿大西部和美国的“热穹顶”现象，2021 年 7 月德国和比利时的大洪水，2022 年席卷欧洲的热浪，2023 年 8 月夏威夷大火，2023 年 9 月利比亚德尔纳大坝垮塌，以及新闻工作者或者任何手机拥有者都能记录的全球各地的热带气旋。所有这些事件——尤其是袭击了美国或欧洲的——都引发了铺天盖地的报道，媒体也不停地将它们与气候变化联系起来。

然而，全球变暖和极端天气事件之间的联系并非媒体想让我们相信的那般确凿。2021—2023 年间，联合国气候小组发布了第六版报告，报告共分为四个部分，分析了关于气候变化的所有数据。如果媒体是你能了解其报告结论的唯一地方，那么你会认为报告所得出的结论是末日即将到来。英国《卫报》将报告的结论总结为“人类犯下的气候罪行”实属“罪恶滔天”。从来不放过机会危言耸听的联合国秘书长安东尼奥·古特雷斯称报告发现的结论是“人类的红色预警”。[10]

现实情况是，科学报告要谨慎和扎实得多，主要是证实了之前五个版本中的发现，气候变化的确是问题，但并非世界末日。事实上，在其最新的研究中，联合国气候小组使用了“气候变化”和“全球变暖”这两个术语几百次，但一次也没提到过“全球高温”“气候崩溃”“气候紧急状态”或者“气候危机”——这些由政客和活动家创造的吓人短语在科学界是无根据的。[11]

总体来说，第六版报告总共有一千多页，包含了大量有趣的研究。但其中有一个发现十分突出，值得一说。在一个每次洪水、飓风、气温飙升、风暴或极端天气事件都会立即被媒体归咎于气候变化的时代，审视一下联合国气候小组对极端气候到底说了什么至关重要。他们花了几百页讨论了这一点，其中包括了一页虽然专业但十分有用的表格，为他们的所有发现提供了概览。该报告揭示，无数怪罪气候变化的新闻中，有很多压根就错了。[12]

要想让联合国气候小组说有些气候现象（比如飓风）受气候变化影响，首先需要的是，能够测出变化，比如飓风越来越多，或者越来越强。鉴于飓风的数量和强度年年都在变化，气候小组必须能够在波动之外监测到变化，或者在噪声中找到信号。

气候小组发现，有清晰的迹象表明二氧化碳在增加。这并不意外。类似地，还有清晰的迹象表明，空气和海洋温度上升了，也有迹象表明极端高温越来越多，极端低温越来越少，冰冻和永冻层越来越少。平均降水量增加、海平面上升和冰川缩小的迹象很快也可能出现。（这些都和联合国气候小组之前的报告以及科学界长久以来的主流观点大体一致。）

但联合国气候小组的科学家告诉我们，他们并未观测到很多极端天气的迹象。事实上，气候小组发现，对于下列现象，他们不仅今天没有监测到迹象，甚至到21世纪末也无法监测到变化，即便是在有不切实际的巨大碳排放量的情况下：

- 河流洪水
- 山体滑坡
- 干旱
- 水文干旱
- 农业和生态干旱
- 火灾天气
- 强风暴
- 热带气旋（飓风）
- 沙尘暴
- 强降雪和冰暴
- 冰雹
- 雪崩
- 海岸洪水

这份长长的清单鲜明地展示了，联合国气候小组的发现与气候活动家、政客和媒体的断言相差有多大。对于大部分天气类型（包括飓风、所有种类的干旱和海岸洪水），气候小组发现“证据不足或迹象未显现”，到21世纪末也是如此。我们真的应该强制媒体机构，以及总是宣称所有气候事件都与气候变化相关的活动家和政策制定者认真阅读这份长清单。

拜登政府喜欢把气候政策描绘成紧急的救命措施。拜登总统的前国家气候顾问吉娜·麦卡锡（Gina McCarthy）曾在一次采访中作出一句出了名的断言："每年全球数十亿人因气候或化石燃料而死。"这种言论荒谬透顶：每年全球因各种原因死亡的人只有6000万（而不是十亿级）。麦卡锡女士还在2021年的一次白宫媒体发布会中发表了类似言论："气候变化是我们时代最重要的公共健康议题。"图E.2展示了把该断言放进大背景里考察将有助于我们思考麦卡锡女士这句话的正确性。[13]

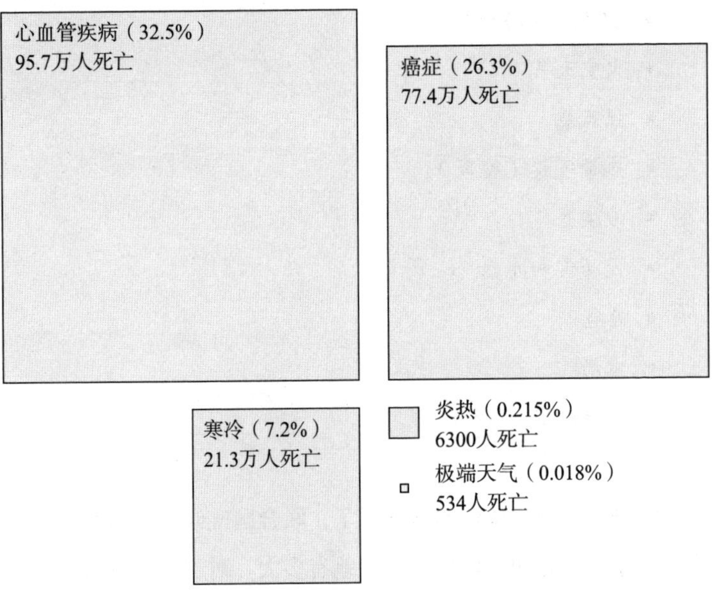

图E.2　2019年美国290万死亡人口的部分死因[14]

本图展示了包括因冷致死、因热致死和极端天气致死在内的主要死因。炎热和极端天气致死人数相对较少，表明了气候变化确实对人类产生影响，但其致死人数的体量难以支撑"气候变化是我们时代最重要的公共健康议题"这样的断言。

2019年约有290万美国人死亡。大约95.7万人（即32.5%）死于心血管疾病；另有77.4万人（即26.3%）死于癌症。寒冷及其影响夺走了21.3万人（即7.2%）的生命。即使我们慷慨地把所有炎热致死（6300人）和所有极端天气致死（534人）都算作气候变化导致的死亡——事实当然并非如此——死亡数也只占美国所有死亡人数的0.233%，与导致美国人死亡的主要原因相比微不足道。气候变化并不是我们时代最重要的公共健康议题——远远不是。

在本书前面部分，基于世界上很多地方的广泛研究，我解释了在地球上几乎所有地方，寒冷都远远比炎热更致命，我刚刚提到的美国死亡人数也证实了这一点。本书第一次出版之后，医学期刊《柳叶刀》上的研究者估算了寒冷致死和炎热致死的全球总数。他们的研究再次证实了绝大部分人的确死于寒冷。论文显示，每年有500万人死于寒冷和炎热，其中50万死于炎热，450万死于寒冷。[15]

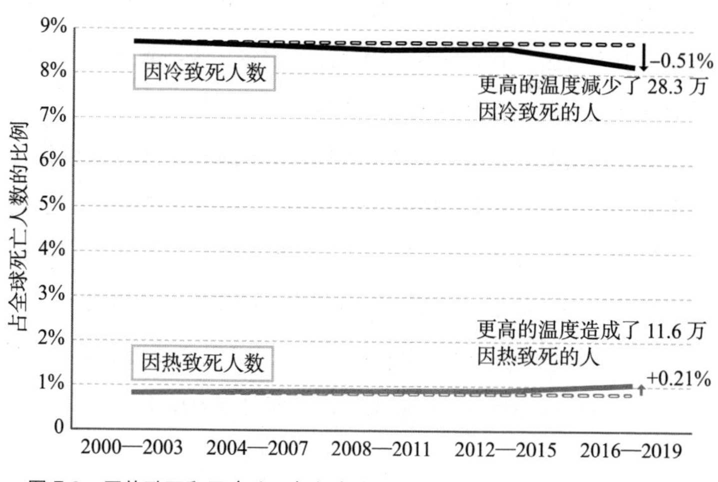

图E.3　因热致死和因冷致死占全球总死亡人数百分比，2000—2019年[16]

重要的是，研究者还审视了2000—2019年全球气温上升的影响。他们保持所有社会经济因素不变，如人口、死亡人数和收入，这样可以找出仅因全球气温上升致死人数的变化，如图E.3所示。

他们的研究（毫不意外地）表明，在过去20年里，随着平均气温上升0.56摄氏度，因热致死人数也上升了。这一时间段里，平均因热致死率从占全球死亡人数的0.83%上升到1.04%，也就是在2016—2019年每年平均死亡的5540万人中，多了11.6万因热致死的人。

21世纪头20年的气温上升意味着每年因此要多杀死11.6万人。这一点必须承认，这也是气候变化真实的、悲剧性的副作用，需要制定应对的政策。然而，随着气温上升，因冷致死的人数也更大幅度地减少了0.51%。这意味着，在同一时间段里，因冷致死的人数每年要减少28.3万人。

此现象很少被提及，但毫无疑问是一个相当大的优点。总的来说，因为气温上升，导致了因热致死增多、因冷致死减少，使得全球每年减少了16.7万的死亡人数。

令人沮丧的是，脸书等社交媒体巨头现在倒向了气候变化行动主义，把任何不论及因热致死增多（这一点脸书官方完全允许）的讨论标记为“错误信息”，而且还把提及因冷致死减少的讨论作同样的标注，即便这是基于同行评审过的研究。总体来说，点出令人不适的科学发现（比如因冷致死减少）或者经济学事实（比如气候政策的高昂成本）已经变得比以前更难被接受。

如果要举例说明近年来媒体热衷于把气候变化跟极端天气挂

钩，火灾的相关报道是最突出的例子。多数狂热的新闻报道都基于筛选后的数据，或者压根完全忽视科学。2023 年，加拿大发生了有记录以来最大面积的烧毁事件。你可能看过这条新闻，主流媒体大量报道了。你可能不太知道的是，就在这一年，美国被烧毁的面积是整个世纪里最少的。

比单个国家发生的事件更重要的，是广阔的全球趋势。从 2001 年开始，美国航空航天局就开始发射绕地卫星，勘测并记录任何规模的火灾。在本书中，我提及了一项 2017 年的研究，该研究发现从 2001 至 2015 年，全球大火的发生频率显著下降。现在我们又多了八年的数据，如图 E.4 所示。2022 年整年的数据已经发布，这一年是全球大火烧毁面积最小的年份，烧毁面积从占全球陆地面积的 3.2%降到了 2.2%，下降了约 30%。尽管 2023 年可能比绝对最低值要稍微高点，但整体的下降趋势依然显著。

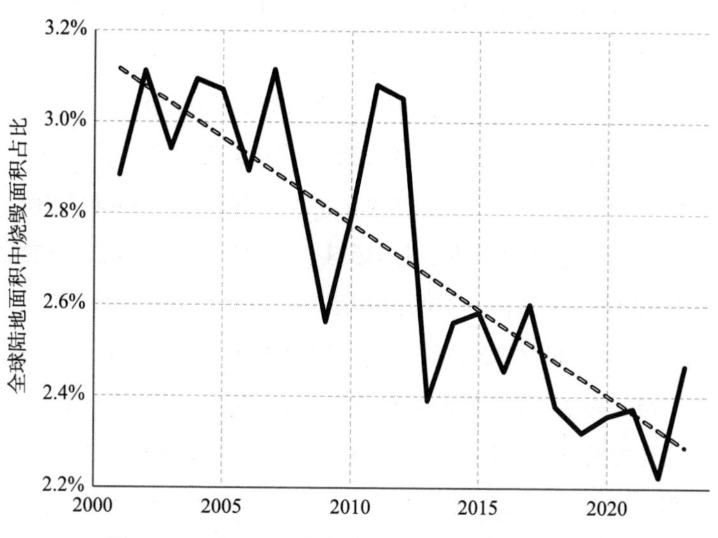

图 E.4　2000—2023 年全球陆地面积中烧毁面积占比[17]

尽管下降了,《纽约时报》还是推出了一个专注于显示“气候紧急状态就是现在”的新网站，名字叫“来自着火世界的明信片”。其封面大图是一个刻画得非常精密的动画地球，浑身在漆黑的背景中燃烧着。曾几何时，气候变化的代表是北极熊，但现在似乎变成了熊熊大火。这两个例子似乎都缺失了数据。[18]

气候变化意味着所有类型的极端天气都变多了:这是一则简单但强有力的断言，被媒体一遍又一遍地灌输进我们的意识里。但最佳的科学证据却揭示了一个更为复杂的真相。如果我们只看热浪，却忽视了因冬天变暖而拯救的生命，那我们就管中窥豹了。我们需要全面了解情况，才能知道如何以最佳方式应对气候变化。

我在《错误警报》中提出的**最重要的论点或许**是，政策制定者、专家和活动家不能只看气候变化的损失而忘记了气候政策的成本。如果我们面对两种成本，那么在制定公共政策的时候，就要把两者都考虑进来。

30 多年来，分析气候变化成本和政策成本一直是气候变化经济学研究的核心。知名经济学家威廉·诺德豪斯是唯一获得诺贝尔奖的气候变化经济学家。正如我在本书中所勾勒，他的研究表明，我们必须要应对气候变化:化石燃料一开始的减排是便宜的，能减掉最危险的气温增长。但他的研究也表明，我们不应该削减得太多，因为最后部分的减排昂贵得吓人，且带来很少的额外收益。

研究为这一论点提供了更多扎实的证据——证明不只要看气候变化的损失，还要看气候变化政策的成本。2023 年，经由同行评审的期刊《气候变化经济学》(*Climate Change Economics*)推出了一期特刊，第一次对实现碳的净零排放做了成本效益分析。

这一精妙的研究得出了一个让绿色能源鼓吹者和政客难堪的结论，所以媒体鲜少关注也就不足为奇了。[19]

在这本学术期刊里，论文被引用最多的全球气候经济学家之一的理查德·托尔（Richard Tol）教授计算了把全球气温上升控制在1.5摄氏度（《巴黎协定》中设定的宏大目标）以内的收益。为了估算收益，托尔使用了一种新的元分析，基于39篇同行评审过的论文，包含61个已发布的以经济学术语阐述的气候损失估算。[20]

托尔使用夸大了收益的基线情境，发现1.5摄氏度政策的估算收益是，到21世纪中叶，略少于0.5%的全球GDP，到2100年则是3.1%。换句话说，完全实现当今气候政策所产生的收益，最多也就与21世纪大约一年的经济增长相当。

澄清一下，一年的经济增长也不容忽视，但是收益必须与气候政策实实在在的成本对比来看。毕竟，正如我们在美国《通胀削减法案》中看到的，从预计3690亿美元成本到1.2万亿美元成本，强迫个人和公司使用更不合适或者更昂贵的能源，不可避免是有代价的。托尔发现，使用联合国气候小组对碳排放削减量的最新成本估算，完全实现《巴黎协定》中把全球气温上升控制在1.5摄氏度以内的目标，到21世纪中叶要花4.5%的全球GDP，到2100年则要花5.5%的全球GDP。

这意味着，从21世纪到22世纪，每一年可能的气候政策成本将远远高于可能的气候变化收益。基于任何现实的假设，《巴黎协定》都通不过基本的成本效益分析。

而且，托尔的成本估算还不切实际地假设政府用尽可能低的成本贯彻政策实现目标，比如全球统一提升碳税，而不是挑出电动汽车等技术宠儿来补贴。正如本书所展示，在现实中，气候政策一直都是不必要的昂贵，由一系列不相干的措施组成。效率不高的政策意味着真正的成本会翻倍。

另一篇由麻省理工学院经济学家撰写的经同行评审的论文也证实存在更高的成本。他们算出了实现 1.5 摄氏度承诺的成本，也审视了政客和活动家们热衷的另一个类似的宏大目标：到 2050 年实现净零排放。研究者发现，不论实现政策中的哪一个，到 2050 年其成本都将占全球 GDP 的 8%—18%，到 2100 年则是 11%—13%。[21]

如图 E.5 所示，21 世纪实现《巴黎协定》承诺的未经贴现收益是平均每年 4.5 万亿美元（以 2023 年的美元购买力平价计算）。不幸的是，根据三种成本估算得出的 21 世纪平均成本接近每年 27 万亿美元。

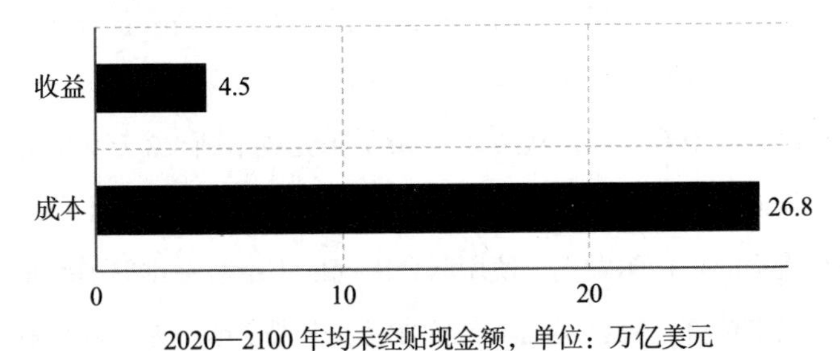

图 E.5 实现《巴黎协定》承诺的年均未经贴现收益与成本[22]

基于 2023 年美元购买力平价计算。

换句话说，每在气候政策上花 1 美元只能避免低于 17 美分的气候损失。整个世纪未经贴现的损失总额超过 1800 万亿美元。对比来看，2022 年全球 GDP 是 100 万亿美元出头。尽管意图是好的，但当前的气候政策将摧毁相当一部分未来的繁荣。

或许总结气候变化影响的最佳方式是承认它是问题，但并不具备毁灭性。它只是一个在世界正在快速进步的背景下发生的问题。归根到底，气候变化仅仅意味着世界将持续变好，但速度会比原本稍慢一些。

虽然我们近些年看到了那么多问题，但基本的指标都在朝正确的方向发展。因新冠肺炎疫情大幅下降的预期寿命，在 2023 年预计超过 73 岁，创历史新高，比 1900 年预期寿命 32 岁的两倍还多。根据联合国发布的信息，2023 年全球谷物收获量达历史新高，2023 年也可能是极端贫困比例最低的一年。[23]

气候变化不会摧毁世界，它能做的就是稍微减缓进步的速度，比如我在第十章中探讨的它对疟疾的影响。许多人还是继续辩称气候变化让疟疾更严重了，因为更多的蚊子能在更多的地方生存。严格来说不算错，但无关宏旨。

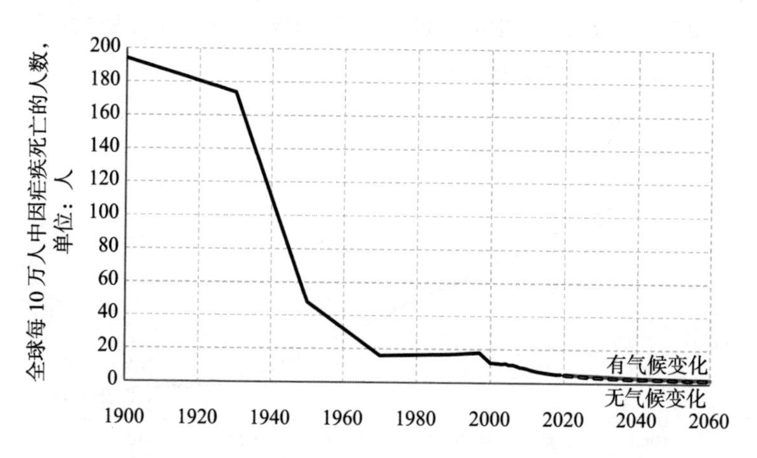

图 E.6　1900—2060 年全球每 10 万人中因疟疾死亡的人数[24]
由世界卫生组织基于气候变化的有无估算。

把重心放在气候变化上，意味着我们弄错了问题所在：疟疾主要由贫困导致，而非温度。依据图 E.6 可算出 1900—2060 年疟疾发生率。疟疾曾经几乎无处不在并夺走人命，它在美国36个州是流行病，甚至在俄罗斯或芬兰这种寒冷之地也置人于死地。自那之后，一些国家通过杀虫剂、药物治疗和环境工程等组合措施，消灭了疟疾。结果就是，这个杀手被围追堵截，只剩下非洲还有。疟疾依然肆虐非洲，这是由那里存在的一系列不幸共同导致的：最致命的疟疾变种，最有攻击性的蚊子和大量的贫困人口。随着贫困减少，疟疾也将减少。

关键是，世界卫生组织估算了在有无气候变化的情况下未来疟疾的多寡情况。诚然，因为气候变化，我们会见到更多的疟疾感染病例，但是变化很小。事实上，即使有气候变化，持续了一个世纪的疟疾死亡人数的下降趋势仍然会继续，只不过下降趋势稍微减缓。图E.6向我们展示，总体来说，气候变化是一个问题，但也揭示了更全面的图景：世界仍然会变好，只不过因为气候变化，变好的速度会稍慢一些。

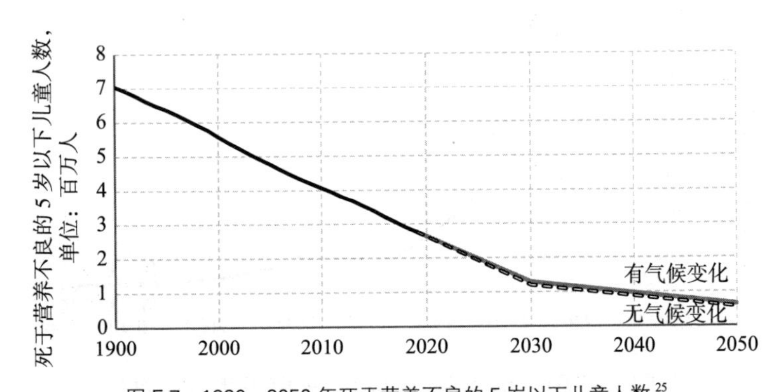

图E.7　1990—2050年死于营养不良的5岁以下儿童人数[25]

由全球疾病负担研究数据库（Global Burden of Disease study）（1990—2019）和世界卫生组织（2030—2050）基于气候变化的有无估算。

就像疟疾一样，有些活动家宣称气候变化意味着更多的饥民，因为作物歉收，更少的土地可供耕种，并把这种关联当作我们需要大刀阔斧减碳的论据。正如我在本书所勾勒，气候变化确实加重饥饿问题，但图 E.7 展示了纳入大背景后的影响情况。饥饿杀死的孩子更少了，主要是因为越来越多的人脱离贫困。气候变化不会逆转此趋势，甚至不会产生大的影响，而只会稍微减缓其进步速度。

此外，正如我在本书中所描绘，我们必须记住，为了减少饥饿而抗击气候变化的努力很可能帮倒忙。一项 2018 年刊登在科学期刊《自然气候变化》（*Nature Climate Change*）上的研究揭示，强力的减少气候变化的全球性行动将比气候变化本身造成多得多的饥饿人口并让食物的获取变得不稳定，因为减少饥饿人口最重要的方式就是让人们变富，而激进的气候政策会导致收入减少。[26]

我们需要重拾这样的认知：气候变化是人类面临的问题，但不只是唯一的挑战。有时候，治疗手段比疾病本身更危险。

《错误警报》的主要结论经得起时间考验，至今仍然正确。我们应该用我在本书中勾画的政策解决气候变化：碳税有用，但在实践中作用很小；创新是迄今最重要的工具，因为创新能让我们发展出终将比化石燃料更便宜的绿色能源。这也意味着，不只是发达国家有能力变得更环保，所有国家和地区——包括中国、印度和非洲——都能推动主体能源从化石能源转型。不过我们仍然需要适应，变得更具韧性；我们还需要投入地质工程的研发，以其作为需要时的后盾。

但是，正如我在最后一章中所论，帮助人们应对气候变化的一种重要方式是确保越来越多的人变得富裕。这不仅让人们在面对气候变化时更具韧性，而且在其他很多方面也有裨益——让人们拥有更美好的生活，从易治疗的疾病中拯救生命，保证更多更好的食物和教育。

2020 年我完成本书后，一直在与很多全球顶尖经济学家及我自己的智库——哥本哈根共识中心合作，基于成本效益，寻找解决重大挑战的一些全球性最佳综合解决方案。尽管气候是我们应该投资的众多事物之一，但不意味着就是其中最重要的。看看新的净零碳排放成本效益研究（1 美元投入只有 17 美分回报）和诺贝尔经济学奖获得者威廉·诺德豪斯的发现，就一清二楚了。而当我们看看绿色研发（如第十二章讨论，1 美元投入有 11 美元回报）等最佳投资，就更清晰了。

世界的根本问题在于政客的过度承诺：他们告诉我们他们会在所有领域做了不起的事情。但没有什么预算能够包揽一切。正如我在第 16 章中所讨论，2015 年，全球各地政府承诺要实现所谓的可持续发展目标，他们承诺到 2030 年解决气候变化，他们还发誓要解决其他能想到的事情，包括消灭贫困、性别歧视和饥饿；解决腐败和慢性病；消除艾滋病、肺结核和疟疾；保证人人有能源、有教育、有工作；此外，还鼓励小型手工渔业、可持续旅游业、都市绿色空间和有机农产品。

毫无意外我们正在一败涂地，不只是我们的气候承诺，还有其他一切。

但是既然我们不能什么都干，或许应该先从最明智的事情干起，从最能使我们的钱花在刀刃上的事情开始。在我的组织里，我在尝试找出，对全球更穷的那一半人（41 亿低收入或中低收入国家的人）所能承诺的最高效的政策。我们探究了收益与成本中的社会、环境和经济因素。

我们经同行评审过的全新研究调查了100多项潜在的政策，找到了12项每1美元花费能获得15美元以上收益的政策，这些投资将会大大加速达成世界目标的进程。我们计算出，年均大概350亿美元就可以每年拯救420万人，让世界每年多出1万亿美元的富裕。这意味着每1美元的投入，可以产生惊人的52美元的社会收益——远远强于哪怕最明智的气候政策。[27]

以消灭肺结核为例。过去半个多世纪，这种疾病都是可以治愈的，但依然每年杀死140万人。每年只需额外投资62亿美元就能大大扩宽诊断范围，保证大多数肺结核病人得到治疗，到2030年减少90%的死亡。包括避免过早死亡和避免疾病在内的社会收益，与医疗和时间的成本，二者之比是压倒性的46比1。

另一个优先事项是消除贫困。我们需要一场“第二次绿色革命”，让发展中国家的农民能够用更少的钱喂养更多的人。我们估算，只需要每年在农业研发上花550亿美元，用于增加木薯、高粱等近几十年被研究者忽视的作物的产量，就能提高生产力，增强应对气候变化的韧性，提高农作物产量，降低粮食价格，每年从饥饿中拯救一亿多人。在这里，每花费1美元，就能产生33美元的社会收益。

新冠肺炎疫情防控期间，随着资源和注意力转移到别处，孕产妇和儿童的健康状况恶化。我们的研究表明，基础产科护理加上更多的家庭计划这一套简单的组合，就能每年拯救16.6万母亲和120万新生儿。鼓励更多的女性到卫生保健机构分娩，并加以小额的金钱补助，就能让她们得到更好的医疗。比如，每年有70万新生儿死于刚开始呼吸或保持呼吸阶段，一个急救器（价值75美元带手动泵的口罩）就能在此设备的三年平均服务期内拯救数十个孩子。加上其他低成本的改良，每年的总成本少于50亿美元。

我们估算的是，每花费 1 美元就会产生 87 美元的收益。

基础教育也可以变得更高效。每间教室都有学生学习费劲，或是提不起兴趣，这是因为老师不可能按照每个学生的具体水平来教学。而安装了教育软件的平板电脑则能有所助益，这些技术可以在学校里共享。大规模实验揭示了一个没有争议的结论：每天使用一个小时的平板电脑就能产生显著的收益。现在，学生用一年时间就能学到通常需要三年时间学习的内容。经济学家计算，算上其他经过验证的政策，提升将近 5 亿学生的基础教育，成本是将近 100 亿美元。这是值得花的钱：受到更好教育的学生在成为劳动力后更具生产力，未来从这些政策中受益的人得到的未经贴现的终身收入，将增加 6000 亿美元。

如果政客拥抱这些物超所值的政策，世界将以低成本获得大收益。如果我们想让世界变得更好，就应该把大部分注意力放在简单但异常高效的政策上。

我们当然应该解决若干重要议题——其中一个就是气候变化，但我们需要提高明智应对所有重大议题的能力。回顾写完《错误警报》之后的几年，我们比以往更需要这样的视角。

气候恐慌仍在持续，某种程度上更加剧烈了。但是，也有更多的证据表明，气候变化是问题但不是生存的威胁。我们需要意识到，世界总体上正在变好，气候变化仅仅意味着世界变好的速度稍微减慢了些。这种认识能让我们以正确的心态更明智地调配资源——是的，在气候问题上，以及世界面临的其他挑战上，尤其是全球不那么富裕的那一半人所面临的众多挑战上。我们可以帮助世界变得更好，但前提是我们担忧的是正确的事情，聚焦的是最佳的解决方案。

致　谢

写书其实依靠的是精彩的观点，这些观点来自太多为使世界更美好而奋斗的人了。挨个感谢他们实属不可能，但他们一起让我们的世界变富了太多太多。

过去二十年里，我和全球一些最顶尖的经济学家合作，致力于找出解决全球性大问题的明智方案。从他们身上我学到了很多，非常感谢他们。

在气候科学圈内，我想感谢成千上万个科学家，他们投入了巨大的精力，致力于了解世界的物理运行机制，通过学术文献发表相关发现；也感谢成千上万致力于总结联合国气候小组报告的科学家。

但为了更明智地解决气候问题，我们不仅需要了解气候变化的物理现实，也需要了解，当把适应措施考虑在内，气候变化对我们社会的影响，包括其成本与收益。此处，气候经济学是无价的，我想感谢一大群帮助我扩展了知识的学者和分析家，你们中许多人的作品在本书中被引用。

在我自己所处的组织里，我想感谢哥本哈根共识中心的首席经济学家 Brad Wong，他提供了很多有教育意义的对话，涉及几乎所有想象得到的话题，从海地的政府采购和加纳的结核病治疗，到孟加拉国的太阳能板和灾难防御系统。我也想感谢 David Cooper 帮我筹备这本书——你让本书几乎每句话都更加优美！

感谢所有帮助我创作和优化这本书的人：David Lessmann、Nancy Dubosse、Saleema Razvi、Ralph Nordjo、Justin De Los Santos、Cyandra Carvalho、Krisztina Mészáros、Loretta Michaels 和 Scott Calahan。Roland Mathiasson 值得单独一提——你几乎全程帮助了我，让图表、论据甚至整本书都变好了一大截。感谢！

但如果没有 Basic Books 的编辑们，本书也就远没有那么犀利和清晰了。首先要感谢 Lara Heimert，不停地敦促我一遍遍重写，将我的论辩打磨到至善至美。是的，有时候我想以头抢地，但你真的让这本书变好了太多。谢谢你，Lara！

太多 Basic Books 的同仁提升了本书质量。感谢 Roger Labrie，不停指导我将含糊不清的话变成清晰的文本，感谢 Christine Marra 将本书投入生产，感谢 Gray Cutler 的杰出编辑，感谢 Kait Howard 和 Victoria Gilder 的媒体建联，以及众多为本书付出的人：Jessica Breen、Allison Finkel、Katie Lambright、Abigail Mohr 和 Melissa Raymond。

归根到底，写作乃孤独苦旅，但你们帮助我更好地完成了本书。当然，任何错漏都是我个人所致，但许多漂亮的论点、良好的论据和洞见都有赖于你们。

写于布拉格，2020 年 2 月 25 日

尾 注

引言

1 **新闻媒体宣称**：Roberts，2019；**地球即将被焚毁**：Hodgetts，2019；**最近，媒体**：Holthaus，2018；Climate Nexus，2018.

2 **活动家封锁**：Extinction Rebellion，2019；**"屠杀、死亡和饥饿"**：Climate Feedback，2019b.

3 **2017年，记者**：Wallace-Wells，2017；**尽管大部分科学家**：Climate Feedback，2017；Wallace-Wells，2019a；**它终结人类的方式**：McKibben，2019b.**《一场灾难的田野笔记》**：Kolbert，2006；**《孙辈的风暴》**：Hansen，2011b；**《大癫狂》**：Ghosh，2017；**《这是世界终结的方式》**：Nesbit，2019.

4 **"全球范围内……"**：Oreskes，2015；**"令人担忧……"**：*Time*，2006；**英国《卫报》**：*Guardian*，2016；**"听起来相当被动……"**：Carrington，2019.

5 **在地球上最发达国家**：Dahlgreen，2016；**在美国**：M. Smith，2019.

6 **"我知道……"**：Astor，2018；**"你怎么还能……"**：Ostrander，2016.

7 **2019年《华盛顿邮报》的一项调查**：Kaplan and Guskin，2019；**2012年一项……学术研究**：Strife，2012.

8 **最近，一名丹麦一年级学生**：Henriksen，2019；**《在世界滑向灾难之际如何当父母》**：Berrigan，2019；**《世界末日生育指南》**：Braverman，2019.

9 **《怀疑的环保主义者》**：Lomborg，2001；**科学家们一致同意**：的确，气候变化的估算总影响，也就是所谓的碳社会成本从1996年开始至今一直在下降，而不是上升，这表明损害是预期会降低而不是升高的（Tol，2018，14）。

10 **气候变化真实存在**：虽然气候变化的意思更广一点，但在本书中，我将气候变化和全球变暖当作同义词使用；**"采用没有周密科学支撑……"**：J. Smith，2019.

11 **这是科学说的**：J. Watts，2018.

12 **在美国**：National Safety Coun-

cil, 2019; **如果政客问**：值得注意的是，世界上第一起交通死亡事故发生在时速四英里的时候，所以最好把速度限制在每小时三英里（Guinness 2019）。

13 **1900 年**：Roser, 2019a; **全球识字率变得更高**：Roser and Ortiz-Ospina, 2019b; Ortiz-Ospina and Roser, 2019; Roser, 2019b; **1990 至 2015 年**：H. Ritchie and Roser, 2019b. **1990 年，这造成了**：Institute for Health Metrics and Evaluation, 2019; **更高的农业收成**：Ewers, 2006; **自 1990 年以来**：World Health Organization, UNICEF, and WHO/UNICEF Joint Water Supply and Sanitation Monitoring Programme, 2015, 7f.

14 **在过去三十年里**：World Bank, 2019c; **如今，少于十分之一**：Roser and Ortiz-Ospina, 2019a.

15 **联合国的研究者称**：此处是根据联合国中间道路场景，我们将在后面讨论到（IIASA, 2018）; **预期寿命将持续增加**：United Nations, 2019b.

16 **当下的研究**：W. Nordhaus, 2018.

17 **对大部分经济部门来说**：IPCC, 2014c, 662.

18 **证据表明**：这是严重的低估。仅对可再生能源的全球补贴就将在 2020 年达到 1760 亿美元（IEA, 2018, 256），而欧盟气候政策将会在 2020 年造成平均 1%—2.2% 的 GDP 损失，即 1920 亿—4080 亿美元（Bohringer, Rutherford, and Tol, 2009）。

19 **194 个国家和地区签订了**：Lomborg, 2020.

20 **然而结果却是**：Lomborg, 2020.

21 **一项全球范围的调查**：Kotchen, Turk, and Leiserowitz, 2017; Jenkins, 2014; Duan, Yan-Li, and Yan, 2014; **2019 年《华盛顿邮报》的一项调查**：Dennis, Mufson, and Clement, 2019.

22 **在发达国家**：IEA, 2017; **比如，能源贫困意味着**：*Belfast Telegraph*, 2014; **事实上，气候政策的经济收益**：Borenstein and Davis, 2015.

23 **不出意外**：Campagnolo and Davide, 2019.

24 **一开始的排放量**：此处和其他地方的吨都是公制的吨，每吨等于 2205 磅。

25 **但是额外的收益**：这些数字都将在后续章节中得到解释。

26 **顶级气候经济学家**：比如可参见包括三名诺贝尔经济学奖获得者在内的顶级经济学家给出的论据，基于他们编辑的作品中大量气候经济学家的研究文章（Lomborg, 2010）。

27 **模型显示**：Galiana and Sopinka, 2015.

28 **大家原则上都同意在研发上投入更多资金**：从 1980 年左右占 GDP 的 0.06％到 2017 年占 GDP 的 0.024％（IEA，2019c）。

29 **联合国一项接近一千万人受访的全球民意调查**：United Nations，2019a.

30 United Nations，2019a.

31 **相反，它是一个长期而缓慢的情况**：T. Nordhaus and Trembath，2019.

第一章

1 **相反，我们会看到**：Bowden，2019.

2 **该文基于 2019 年的一项研究**：Spratt and Dunlop，2019；**该报告设想了最极端、最不可能的场景**：Spratt and Dunlop，2019，9；**正如一名气候科学家所形容**：Climate Feedback，2019a.

3 **《今日美国》**：E. Weise，2019；**CBS 新闻**：Pascus，2019；**CNN**：Hollingsworth，2019.

4 **拿 2019 年 6 月 13 日《时代》周刊的封面报道来说**：*Time*，2019.

5 **但是记者只需要花几分钟时间就能找到《自然》上发表的关于图瓦卢的最新科学研究**：Kench，Ford，and Owen，2018.

6 **在最大的塔拉瓦环礁**：Biribo and Woodroffe，2013；**马绍尔群岛也类似**：M. R. Ford and Kench，2015.

7 **一项总结了关于密克罗尼西亚、马绍尔群岛、基里巴提、法属波利尼西亚、马尔代夫和图瓦卢等国研究的分析**：Duvat，2019.

8 **一篇引发恐慌的类似报道**：Lu and Flavelle，2019；**这些报道都来自一项高质量的研究**：Kulp and Strauss，2019.

9 **“气候变化正在让地球沉没……”**：McKibben，2019a；**气候科学家彼得·卡尔马斯**：Kalmus，2019.

10 引自 Kulp and Strauss（2019）和 https://coastal.climatecentral.org。《纽约时报》的新闻引自 Lu and Flavelle（2019）。由于数据的设置方式，无法为 2020 年制作地图，只能为 2030 年制作地图，所以真正的区别在于 2030 年最低排放的情形和 2050 年最高排放的情形。

11 **它几乎与 2050 年的预测状况一致**：Lomborg，2019. 左图见 Lu and Flavelle（2019）。右图基于 Kulp and Strauss（2019）及 https://coastal.climatecentral.org 上的网络工具。左图基于 RCP8.5，2050 的参数（RCP 代表路径浓度，RCP8.5 是 IPCC 报告中四个温室气体浓度场景中二氧化碳浓度最高的一个）

制作，只考虑海平面上升的情况。右图是理想情况下当下和2050年处于危险中的陆地的差别。因为气候中心引擎无法使用2020年数据，我使用了最极端气候政策下2030年的数据。**在越南南部**：Nguyen，Pittock，and Connell，2019.

12 **从学术论文的角度说没有问题**：Goodell，2019.

13 **我们将在本章后面看到**：Lincke and Hinkel，2018.

14 **媒体耸人听闻的报道方式**：IPCC，2018；**比如CNN告诉我们**：CNN，2018.

15 **"政策相关但又不止于政策相关的信息"**：IPCC，2010；**"要求社会各领域作出迅速、广泛和史无前例的改变"**：IPCC，2018；**简单来说，政客们**：IPCC报告的一名作者也说，12年的期限"具有误导性"，尽管他显然更倾向于尽量减少二氧化碳（Allen，2019）。

16 **这种夸张的误读造成了严重的后果**：Hulme，2018.为了抗击气候变化，有影响力的环保主义者詹姆斯·勒夫罗克宣称"或许有必要暂时把民主放在一边"（Hickman，2010）。

17 **在美国**：Egan and Mullin，2017.

18 **直到2018年美国国会中期选举**：Grunwald，2019.

19 **如今，自认为民主党和共和党的人**：Pew Research Center，2019.

20 **共和党把持的州**：T. Williams，2019.

21 **比如特朗普当选之后**：Thompson，2019；Savage，2019；**中国2000年以后碳排放量增加了2倍**：IEA，2019d；**根据官方估计**：IEA，2019g.

22 **2019年，英国王储查尔斯**：Furness，2019；**他"推算还有96个月来拯救地球"**：Verkaik，2009；**2006年，阿尔·戈尔估计**：CBS News，2006.

23 **"赢得或输掉环境斗争"**：Annon，1991；**"我们都知道……"**：S. Johnson，2012；**比全面核战争更灾难**：Paulson，2013.

24 **在那之前的1982年**：UNEP，1982；**"跟任何核灾难一样彻底且不可逆的破坏"**：AAP–Reuter，1982；**20世纪70年代**：Peterson，Connolley，and Fleck，2008.

25 **"什么都快没了"**：*Newsweek*，1973；**"推向毁灭"**：Ehrlich，1971，xii.

26 **"让人类的困境更明显、更容易理解"**：*Time*，1972.

27 **《限制增长》**：Meadows and Club of Rome，1972.

28 **"未来"的我们已被剧透**：Lomborg，2012.

29 **"海平面上升可能比我们一直**

认为的要更糟糕"：Washington Post，2019；**"被升起的海洋吞噬"**：Magill，2019.

30 **这些新闻来自2019年的一篇学术论文**：Bamber et al.，2019；**2011年那篇论文**：Nicholls et al.，2011.

31 **大卫·华莱士-威尔斯在其颇具影响力的《不宜居的地球》一书中**：Wallace-Wells，2019a.

32 **通过官方新闻稿**：Simon Davies，2018.

33 **原论文的作者承认这种假设不符合逻辑**：Jevrejeva et al.，2018；**"随着经济增长，防护措施大概率会被加强"**：Jevrejeva et al.，2018，8.

34 **类似地，发展中国家中快速发展的区域**：Hallegatte et al.，2013.

35 **也有证据清晰地表明**：Hinkel et al.，2014.

36 **这份高引用率的研究**：Hinkel et al.，2014.

37 **但总的经济损失实际上会下降**：注意这项研究基于受影响人口数量的估算，而估算可能低估了300%，跟前文《纽约时报》中讨论的研究案例一样（Kulp and Strauss，2019）。很难估计它多大程度改变了其影响，因为有可能很多额外的人会被同样的堤坝保护，正如Hinkel et al.（2014）所预测的。最佳状况是，损失是相同的；最坏的情况是，240亿的额外堤坝成本会增加三倍（2100年适应性措施下的480亿美元和无适应措施下的240亿美元之间的差额）。所以，有适应措施下2100年的总损失最多是380亿美元的洪水损失，加上240亿美元的基础维护费用，以及3×240亿美元的额外适应性措施成本（即每年1340亿美元）；或者说，至多是1015万亿GDP的0.013%，依然比2000年花费的0.05% GDP要少得多。

38 该研究显示了从2000到2100年，在世界变得更富裕的情形下，当海岸线上升非常高（二到四英尺之间，即55—123厘米）时，在有适应措施和没有适应措施两种情况下的洪水受灾人数。上方的线条表示没有适应性措施情况下（各国均不提高其堤坝高度，不论国家的富裕程度和海平面上升多少），大规模洪水的影响。下方的线条表示采取了实际适应性措施的洪水影响，随着海平面上升，所有国家都加高了堤坝，发达国家加得更高（Hinkel et al.，2014）。

39 **因而尽管海平面在上升**：Bouwer and Jonkman，2018.

40 **“研究称达成《巴黎协定》的气候目标将从热浪中拯救成千上万美国人”**：Stieb，2019.

41 **但是有一件咄咄怪事**：Lo et al.，2019；**城市也可能在社会创新上投资**：City of Atlanta，2015.

42 **得益于空调标准和使用率的提高**：R. E. Davis et al.，2003；**2003年法国推行改革**：Bamat，2015；**结果到2018年**：*Economist*，2018；**西班牙与炎热相关的死亡人数减少**：Barcelona Institute for Global Health，2018.

43 **嗯，结果是**：Heutel，Miller，and Molitor，2017.

44 **自那之后**：Lomborg，2020.

45 Ashley et al.，2014.

46 这是被称作“靶心扩张效应”的众所周知的现象，参见Strader and Ashley（2015）和Ashley et al.（2014）。

47 **一项2017年的研究**：Ferguson and Ashley，2017.

第二章

1 **我们已经知道**：Arrhenius，1896.

2 **二氧化碳气体导致全球变暖**：事实上，二氧化碳不是让全球变暖的唯一气体——甲烷和一氧化二氮（笑气）也会——但二氧化碳是最重要的，其他气体通常就被简略地统一归为所谓的二氧化碳当量。**但每年剩下的排放量**：IPCC，2013a，486；**所以，大气中二氧化碳的量一直在增加**：IPCC，2013a，11.

3 **其中有一种叫MAGICC的模型**：Meinshausen，Raper，and Wigley，2011；**现在，我们使用“中间道路”场景进行模拟**：越来越多的论据称，在低政策或无政策的轨迹下，未来排放量的增加会小于预期（Burgess et al.，2020；Wallace-Wells，2019b）。这值得玩味，如果正确的话，则说明气候变化的整个挑战变得没那么可怕。但这并不会改变本书所呈现的逻辑。的确，如果在无政策情况下，总排放量变少，那么最佳政策则比本书剩下部分中所描绘的更温和。

4 这里的发达国家是指经济合作与发展组织（OECD）成员国。

5 基于MAGICC模型，参见Meinshausen，Raper，and Wigley（2011）。

6 基于MAGICC模型，参见Meinshausen，Raper，and Wigley（2011）。在2100年，一切照旧的排放会导致7.449华氏度的升温，而在去除发达国家二氧化碳排放量的情况下升温则是6.683华氏度。四舍五入后，数字可能有点对不上。图表显示，2100年的温度是7.4华氏度和6.7华氏度（相差 0.7 华氏度，约为 0.4 摄氏度），但实际的差别是 0.766 华氏度，四舍五入是 0.8 华氏度（约为 0.45 摄氏度）。

7 **他们说 GDP 计算不了看不见的东西**：Kennedy，1968；**他们说用金融术语衡量福利是短视的**：Stiglitz，Fitoussi，and Durand，2018.

8 **人均 GDP 更高的国家**：Habermeier，2007；R. Sharma，2018；Rosling，2012.

9 **过去几十年人均 GDP 的全球性增长解释了 10 亿人如何脱贫**：Page and Pande，2018；Dollar，Kleineberg，and Kraay，2016；**经济增长**：Goedecke，Stein，and Qaim，2018；**人们变富之后**：Steckel，Rao，and Jakob，2017.

10 **当下最致命的环境问题之一**：Bonjour et al.，2013；**呼吸这种恶劣的、污染了的空气**：WHO，2006，8；**人们脱贫后**：McLean et al.，2019；**自 1990 年以来**：Institute for Health Metrics and Evaluation，2017.

11 **简单来说**：Dinda，2004.

12 **发展中国家大面积砍伐森林**：Ewers，2006.

13 **更高的 GDP**：EPI，2018，figure 3–1.

14 **即使每年户均 GDP 超过 50 万美元**：Stevenson and Wolfers，2013，602.

15 Sacks，Stevenson，and Wolfers，2012；Stevenson and Wolfers，2013. 生活满意度标注在满意度阶梯上。请思考这个典型的问题：这里有一个代表“生活满意度”的梯子。我们假设阶梯顶部代表对你来说最好的生活，分数是 10，最底部则是最糟糕的生活，分数是 0。你个人觉得你当下站在哪一层阶梯上？

第三章

1 **然而，在全球层面**：IUCN，2015.

2 **它们也活过了当前间冰期的头几千年**：Jakobsson et al.，2010.

3 **彼时，北极熊的全球数量据信是在 0.5 万到 1.9 万之间**：IUCN，1986，63. 北极熊专家小组的估算中，大部分都是区间值，在 18505 到 27106 之间。为了便于展示，我们在此处使用中间值 22806（IUCN Polar Bear Specialist Group and Working Meeting，1985，40ff）。所有数据都是最高值和最低值的平均数，引自 IUCN（1986，63），Wiig et al.（1995，29）和 IUCN/SSC Polar Bear Specialist Group（2019，1）。该数据引用了之前的北极熊专家小组的估算，包括 1997 年、2001 年、2005 年和 2009 年的，同时还有 2016 年的更新版估算，

作为“当下”的数值，此处则为2019年。

4 北极熊的绝对数量有很大的不确定性，所以估算值只是一个区间，此处是高与低估算的平均值（IUCN 1986，63；Wiig et al.，1995，29；IUCN/SSC Polar Bear Specialist Group，2019，1）。

5 《卫报》：Shields，2019.

6 **北极熊的真正威胁**：2010至2014年间，北极熊平均“消失”数量是895（IUCN/SSC Polar Bear Specialist Group，2019）。

7 **而当我们探究是什么导致了种族灭绝时**：WWF，2018；**2016年发表在《自然》的一项研究**：Maxwell et al.，2016.

8 **科学家在《柳叶刀》发表了一篇迄今规模最大的关于气候致死的研究**：Gasparrini et al.，2015.

9 **在不久前的一个冬天**：V. Ward，2015；**某年一月仅一个星期**：Office for National Statistics，2015b；2015a.

10 **“印度最长热浪之一，已致数十人死亡”**：CNN，2019；**事实上，最大的杀手是中度寒冷**：Fu et al.，2018.

11 Vicedo-Cabrera et al.，2018.

12 **美国最新数据**：Vicedo-Cabrera et al.，2018.

13 **因为几乎每个地方都是因冷致死多于因热致死**：Gasparrini et al.，2017.

14 **我们没有关于因冷或因热致死相关适应措施的全球性分析**：Heutel，Miller，and Molitor，2017.

15 **2015年一项对马德里因热和因冷致死的分析**：Diaz et al.，2015.

16 **但是全球变绿如今在一些全球性研究中得到了验证**：Mao et al.，2016；**迄今最大的卫星探测**：Zhu et al.，2016.

17 **中国在过去17年里，绿色区域几乎翻倍**：C. Chen et al.，2019.

18 **研究者发现**：NASA，2016.

19 **21世纪，随着二氧化碳排放量增加**：这也取决于自然环境是否会耗尽其他重要的肥料如氮和磷；**如果我们测算全球所有植被的重量**：V. K. Arora and Scinocca，2016.

20 使用RCP 8.5的排放情形，参见V. K. Arora and Scinocca（2016）和 V. K. Arora and Boer（2014）。1500年的植被重量数据来自Hurtt et al.（2011）。

21 **但20世纪70年代发生了奇事**：V. K. Arora and Boer，2014；**一项估算认为**：Hurtt et al.，2011.

22 **他们认为**：比如伯尼·桑德斯就这么认为（Qiu，2015）。

23 **“对气候变化夸张的关注……”**：De Châtel，2014；**“叙利亚气候冲突论没什么价值”**：Selby，2019；**参议员伯尼·桑德斯**：Qiu，2015.

24 **但是全球变暖也会增加全球降水**：Schlosser et al.，2014.

25 **“文献并没有发现气候与冲突的发生存在强力且普遍的关联”**：Koubi，2019；**事实上，研究了北半球成百上千年来温度变化和战争肇始关系的研究**：D. D. Zhang et al.，2007；**寒冷引发战争**：对此我们应该谨慎，温度上升并不意味着我们脱离困难。数据大部分来自欧洲和中国等气候温和地区，对这些地方来说，寒冷是更大的挑战，见 H. F. Lee（2018）。

26 **更重要的是**：Mach et al.，2019.

第四章

1 **“气候变化的强烈信号”**：Achenbach，2018.

2 **部分问题出在媒体身上**：Gramlich，2019；Gallup，2019.

3 **令人惊奇的是，并非如此**：Caspani，2019.

4 **事实上，许多减碳论据都基于气候变化恶化干旱的观点**：更为完整的表述通常是“更频繁、更严峻的干旱、风暴和洪水”，我们稍后会处理其他问题（UNFCCC，2019）。

5 **“全球范围内，并没有明确可观测的干旱趋势”**：Stocker and Intergovernmental Panel on Climate Change，2013.

6 **“……干旱减少，而非增加了”**：U.S. Global Change Research Program et al.，2017，ch.8.1.2.

7 **美国国家气候分析报告也认同此观点**：USGCRP（2017，236）指出，“对于美国气象干旱过往的变化中，目前尚无正式确认有人类的影响”。**2014 年一项研究**：Hao et al.，2014；N. Watts et al.，2018；**证据还表明**：Donat et al.，2013，2112.

8 **在美国**：NOAA，2019.

9 **联合国气候科学家发现**：IPCC，2013b，1032；**事实上不太现实**：此处指所谓的 RCP 8.5 场景非常不现实，可参见 Wang et al.（2017）和 J. Ritchie and Dowlatabadi（2017）；**“到 21 世纪末，出现的可能性越来越大”**：U.S. Global Change Research Program et al.，2017，ch.8.1.3.

10 **事实上，在旱灾期间的加利福尼亚州**：He et al.，2017.

11 **莱昂纳多·迪卡普里奥 2016 年推出了**：Dickinson，2019；Flavelle，2019.

12 **“因缺少证据，全球范围内洪水强度和频度趋势的置信度都**

低”: IPCC, 2013a, 112, 214; **美国全球变化研究项目**: USGCRP, 2017, 240. IPCC 的 1.5 摄氏度报告发现，“1950 年以来的径流量趋势在全球大部分大河中并无显著统计学变化”，而且更多的径流量是减少而非增长的（IPCC, 2018, 201）。

13 **“没有证实河流洪水增长与人类导致的气候变化之间存在显著关联”**: USGCRP, 2017, 231.

14 **未来**: IPCC, 2018, 203; **“洪水的趋势受河流管理体系变革的强烈影响”**: IPCC, 2013a, 214.

15 **美国政府科学家**: USGCRP, 2017, 231; **“造成某些汇流区或地区的区域性洪水增长”**: USGCRP, 2017, 242; 2018, 146; **“洪水强度正在减小”**: A. Sharma, Wasko and Lettenmaier, 2018.

16 **美国经通货膨胀调整后的洪水总损失**: Lomborg, 2020; **但是美国房屋数量飙升了**: Census, 2011; 2018a; **单从 1970 年开始**: Klotzbach et al., 2018, 1371; BEA, 2019; Census, 2018b.

17 Lomborg, 2020.

18 **每年夏天都会发生野火**: “许多人认为野火是个日益严峻的问题，不论媒体还是科学论文都普遍认为野火的发生率、严重程度和造成的损失都是在增加的。然而，除了重大的例外，现有的量化证据并不支持人们所认为的整体趋势”（Doerr and Santín, 2016）。

19 **根据横跨六大洲逾两千年的沉积物炭环境记录调查**: Marlon et al., 2008; **很大程度上**: NAS, 2017, 13.

20 **相当多的证据表明由火造成的损害降低了**: Vivek K. Arora and Melton, 2018; F. Li, Lawrence, and Bond-Lamberty, 2018; J. Yang et al., 2014; Andela et al., 2017; **全球被烧区域减少的主要因素就是人类活动**: Knorr et al., 2014; **总体上**: J. Yang et al., 2014. 140 万平方英里，从 20 世纪头十年的近乎 500 万平方英里到 21 世纪头十年的 350 万平方英里多一点。

21 **总体上被烧面积下降了三分之一**: D. S. Ward et al., 2018, 135.

22 **“美国西部和阿拉斯加森林大火的发生率从 20 世纪 80 年代初一直在增长”**: USGCRP, 2018, 231.

23 年度资料来自 Census（1975, L48—55）和 NIFC（2019）; 每十年的资料来自 Mouillot and Field（2005, 404—405）。R. V. Reynolds and Pierson（1941, table 4）指出，19 世纪大火每年烧毁更多的美国森林；又见 Marlon et al.

(2012)。

24 **2017 年的一项研究**：Syphard et al., 2017.

25 **实际上，在美国西部火灾风险高的区域**：Strader, 2018, 557；**而且，这一增长趋势**：Mann et al., 2014, 447.

26 **如果把处在风险中的房屋数量和价值考虑进来做个校正**：Crompton et al., 2010；McAneney et al., 2019.

27 **跟 2000 年相比**：使用 RCP 8.5 及所管理土地的变化（Kloster and Lasslop, 2017, 64）.

28 **对于高风险的加利福尼亚州来说**：Bryant and Westerling, 2014, figure 2.

29 **飓风，科学上又称作热带气旋**：根据慕尼黑再保险公司（Weinkle et al., 2018）。

30 **"全球热带气旋频率并没有明显可观测的趋势"**："当前数据集显示，过去一个世纪全球赤道龙卷风频率并无明显可观测趋势"（IPCC, 2013a, 216）；**他们确实发现**：IPCC, 2013a, 50, 7, 113；**他们特地说明**：IPCC, 2013a, 871.

31 **这一发现得到了美国国家气候分析报告的证实**：USGCRP, 2017, 259, 258；**NASA 的气候科学家**：他们有力地总结称"历史上大西洋飓风频率记录并不能提供有力的证据，说明温室气体导致的全球变暖使飓风在长期有显著增长"（GFDL/NASA, 2019）。

32 **几乎所有飓风都是如此**：Klotzbach et al., 2018.

33 **佛罗里达沿海人口**：1900—2010 年的数据来自 1992 年、2010 年、2012 年的人口普查；2020 年美国的数据则来自 2017 年的人口预测（Census, 2017）。

34 **从得克萨斯州到缅因州**：Freeman and Ashley, 2017.

35 **不仅美国如此**：McAneney et al., 2019；W. Chen et al., 2018.

36 通货膨胀根据美国 2019 年的 CPI 调整。Downton, Miller, and Pielke, 2005；Klotzbach et al., 2018；R. A. Pielke and Landsea, 1998, 199；Weinkle et al., 2018. 2018—2019 年的数据来自与皮尔克（Pielke）的私人交流。虚线为最佳拟合线。

37 **随着人口持续增长**：Gettelman et al., 2018.

38 **2019 年袭击巴哈马的飓风多利安**：D. Smith, 2019.

39 **根据《自然》上一项引用众多的研究**：Mendelsohn et al., 2012；更新后的结论与 Bakkensen and Mendelsohn（2016）的发现几乎一致。

40 **世界上最好的全球灾害数据库**：EM–DAT，2020.

41 数据来自 EM–DAT（2020），包括洪水、干旱、风暴、野火和极端气温造成的气候相关死亡，采用 1920—1929、1930—1939 一直到 2010—2019 的每十年平均数。

42 **“美国十亿美元级灾难增多”**：Brady and Mooney，2019.

43 **是的，每年造成十亿乃至更多损失（通货膨胀调整后）的灾难数量正在增加**：NCEI，2019.

44 **如果我们根据不断增长的经济体量作出相应调整**：Zagorsky，2017.

45 **该研究发现**：Formetta and Feyen，2019.

46 1990—2017 年的损失数据来自慕尼黑再保险公司（R. Pielke，2019）；2018 年的损失数据来自慕尼黑再保险公司（2019）；2019 年的损失数据来自慕尼黑再保险公司（2020），及与慕尼黑再保险公司的佩特拉·勒夫（Petra Löw）之间关于地球物理学成本分配的私人邮件。全球 GDP 数据来自世界银行（2019e），使用的是世界银行全球经济展望（World Bank Global Economic Prospects）2020 年 1 月的 GDP 数据，来估算 2018 和 2019 年的全球 GDP。最优线性估计；下降趋势统计学上并不显著。

47 **就美国来说**：AonBenfield，2019，40；**飓风造成了 0.19% 的 GDP 损失**：204910 亿美元 GDP 中的 3960 亿美元；**洪水造成了 0.07% 的 GDP 损失**：Arcadia Power，2014；**不论是美国，还是其他发达国家与发展中国家**：Formetta and Feyen，2019.

第五章

1 **他于 1991 年撰写的文章**：W. Nordhaus，1991. 诺德豪斯甚至还有一篇更早的写于 1975 年的论文手稿，在他获得诺贝尔奖后发表，见 W. Nordhaus（2019b）。

2 Nordhaus and Moffat，2017. 这是对联合国综述的更新（IPCC，2014a，690，SM10–4）。圆圈的大小代表单个研究的权重（大圆圈表示使用了独立和合适手段的最新估算，小圆圈则表示过去二手研究的估算，或者使用的方式不够合适），虚线是诺德豪斯基于中位数二乘加权回归的最佳估算。

3 **现下，地球正在经历自工业革命以来略低于 2 华氏度……的全球温度涨幅**：前工业时代以来上涨了大概 1 摄氏度，或 1.8 华氏度（IPCC，2018，51）。

4 **事实上，许多影响**：即使更低

的影响依然会造成一些损失，但因为没有全球变暖的影响减少得甚至更快。

5 **全球来看，农产品的价值比150年前高出了13倍**：Federico，2005，233；FAO，2019.

6 **“气候变化威胁欧洲农业的未来”**：EEA，2019；**“气候变化或导致英国食物短缺”**：B. Johnson，2019；**“气候变化将影响澳大利亚的羊”**：Smyth，2019；**“气候变化或导致世界最大玉米产地大歉收”**：Gustin，2018；**“气候变化可能摧毁全球食物供给”**：Little，2019.

7 **一项为联合国粮食及农业组织做的大范围研究预测**：Conforti，2011，114；**到2080年，在最糟糕的情况下**：Conforti，2011，114. 2020年的谷物产量是26.68亿吨，到21世纪80年代大概达到38.37亿吨；减少2.1%—2.2%就少7600万吨，21世纪80年代就是37.61亿吨，即增长了41%。

8 **但只在我们忽略二氧化碳施肥作用的情况下才成立**：Ren et al.，2018.

9 **与此同时**：King et al.，2018；**一项研究显示**：Challinor et al.，2014.

10 **有一项……大型研究**：Costinot，Donaldson，and Smith，2016.

11 **这项全面的研究**：Costinot，Donaldson，and Smith，2016. 另一项研究发现总损失是0.29%（Calzadilla et al.，2013）。0.26%的损失也是由近期一项关于气候造成农业损失的综述中得出的结论（Carter et al.，2018）。**事实上，这是温度上升到非常高的最糟糕情形**：这是全球的平均损失，贫穷的赤道国家表现会更糟糕，而已完成工业化的寒冷国家则表现更好。我们将在第十章讨论这个议题。

12 **1800年，美国农业雇用了**：Weiss，1992；**如今，美国农业只雇用了1.3%的人**：US Department of Agriculture Economic Research Service，2019.

13 **1991年**：World Bank，2019a；World Bank，2019b.

14 **尽管增加的数字与用到了它们的其他研究保持一致**：W. Nordhaus and Sztorc，2013，11.

15 W. Nordhaus and Sztorc，2013，11.

16 **然而，联合国气候小组发现**：W. Nordhaus，2019a；IPCC，2013a，1170；**这就是为什么**：W. Nordhaus，2019a.

17 **基本的问题是**：海水是微碱性的，所以“酸化”实际上是指海水变得更中性，而不是真的变成酸性。

18 **经济学家试图**：Colt and Knapp, 2016.

19 **据这份报告估计**：IPCC, 2018, 256.

20 **但是，当你检验他们的论据时**：有个好例子是，近期《纽约时报》一篇评论（Oreskes and Stern, 2019），基于的是一本小册子，把1.87亿人将因海平面上涨而流离失所作为主要案例。正如我们在第一章中所见，这个数字比实际上可能因此流离失所的人数高了大约六百倍。

第六章

1 **碳强度一直在增长**：估算1966—2017年的全球碳强度，引自IEA（2019d），所有能源均使用基础能源总量计算。

2 **从1992年开始**：H. Ritchie and Roser, 2019a; Global Carbon Project, 2019a.

3 **在一次对气候政策意外诚实的回顾中**：UNEP, 2019.

4 **"必须尽其所能"**：UNFCCC, 2018a.

5 **在被问到应该采取什么个人行动**：BA, 2006；**但是即使他坚持一整年**：假设充电器消耗的电能为1.5瓦时，如果一天少使用12小时，一年下来可节省12×0.0015×365=6.57千瓦时电，按每度电0.527公斤的减排量计算（Carbon Independent, 2019），大约为3.46公斤的二氧化碳当量，即占手机所有排放的0.044% ≈ 3.46kg/7830kg（World Resources Institute, 2019b）；**充电占手机运转所需能源的不到1%**：Moss and Kincer, 2018.

6 **它是全球众多碳交易市场之一**：Narassimhan et al., 2018.

7 **"不要被每件小事都有用的迷思给干扰了……"**：MacKay, 2010, 114.

8 **在一项2018年的研究中**：见Bjelle, Steen-Olsen, and Wood（2018），使用边缘估算。

9 **研究者在研究诸多活动的反弹效应时**：Bjelle, Steen-Olsen, and Wood, 2018.

10 **如果你节食有了良好成效**：Fishbach and Dhar, 2005；**一项关于购物行为的研究**：Dütschke et al., 2018.

11 **这位"有德之人"最让我感到惊奇的是**：Rowlatt, 2007. 他全家人节省的二氧化碳是7.3吨，而全家人坐经济舱去布宜诺斯艾利斯的飞机会排放18.5吨的二氧化碳。

12 **"未来10到15年，餐馆开始用对待烟民的方式对待食肉者怎么样？"**：Fagerlund, 2018.

13 **尤其在考虑到吃素实际上相当**

困难时：Humane Research Council, 2014.

14 **大多数素食者是因为吃不起肉**：Leahy, Lyons, and Tol, 2010.

15 **许多盲从的媒体**：Martinko, 2014；**这种级别的削减**：Hallström, Carlsson-Kanyama, and Börjesson, 2015.

16 **而食物相关的排放只占个人总排放的一小部分**：Sandström et al., 2018.

17 **一项全面而系统的分析**：Hallström, Carlsson-Kanyama, and Börjesson, 2015, table 1；**对于工业化国家**：人均二氧化碳排放量是 12.44 吨（World Resources Institute, 2019a），所以 4.3% ≈ 0.54/12.44。

18 **但结果不止如此**：主张戒掉肉类的文献表明，"评估素食主义的环境后果时，应将节省开销的反弹效应考虑进去"（Lusk and Norwood, 2016）；**素食者的饮食稍微便宜些**：Lusk and Norwood, 2016；Grabs, 2015；Berners-Lee et al., 2012；**把多出来的钱花在其他物品和服务上**：Grabs, 2015.

19 **也能达到类似的效果**：节省 540 公斤的二氧化碳，去掉反弹的一半，截至 2019 年 11 月达到每吨 6 美元（ICAP, 2019）。

20 **人造肉比传统肉产生的温室气体少 96 %**：Oxford University, 2011.

21 **国际能源署比较了……**：IEA, 2019b, 21.

22 **从排放 34 吨二氧化碳的燃油车换成排放 26 吨的电动汽车**：IEA, 2019b, 21.

23 这是欧盟估算的结果（EU, 2019, table 69, 136）。2.1 欧分的气候损失被夸大了。欧盟使用的 110 美元的二氧化碳损失，比其自身的 33 美元的交易系统要高得多。使用 2020 年实际排放的损失，用 20 美元（P.Yang et al., 2018），即使用所有共享社会经济路径（SSP）和九大主要损失的平均损失来估算，则可以得到更符合实际的 0.4 欧分的气候损失。未显示的是从油井到油箱的汽油生产及运输损失成本，即 0.7 欧分，以及栖息地损毁的成本 0.9 欧分。

24 **如果你和挪威一样有充足的电力资源**：Tessum, Hill, and Marshall, 2014；L. W. Davis and Sallee, 2019；又见 https://www.facebook.com/bjornlomborg/posts/10153019443493968:0. 即使是电动汽车本身，也跟燃油车一样排放了大部分最危险的空气污染颗粒物（Timmers and Achten, 2016）。电动汽车不会因燃烧而排放颗粒物，但因为

它们通常比燃油车重 24%，所以从轮胎里排放了更多的颗粒物。

25 **据估计**：Ji et al.，2012. 电动汽车的额外污染来自城市郊外的燃煤发电厂。

26 **全球对电动汽车的平均补助是每辆 1 万美元**：65.5 万辆电动汽车要耗资 20 亿美元的基础设施费用和 50 亿美元的补贴，也就是每辆车 1 万美元出头（IEA，2015）。

27 **国际能源署希望**：IEA，2019b，120；**即便我们能做到**：IEA（2019b，143）估算到 2030 年全球减少 2.2 亿吨的二氧化碳，相当于 2030 年约 0.4% 的全球排放量。

28 **因为航空旅行的巨大碳足迹**：Baron，2019.

29 **但是地球上大部分人从来没坐过飞机**：Gurdus，2017；**在约有 1.5 亿人处于贫困的印度**：*Economist*，2009.

30 **即使我们愿意牺牲这一切**：Terrenoire et al.（2019）指出，到 2100 年，整个世纪急速增长的航班数量将造成温度上升 0.1 摄氏度。然而，这还是没算凝结尾迹和喷雾器的情况。Olivié et al.（2012）对此作出了估算，到 2100 年，凝结尾迹和喷雾器将导致气温最低上升 0.11 摄氏度，最高可上升 0.24 摄氏度。该论文显示，最有可能的结果是在两者之间，此处取其中间值 0.175 摄氏度。然而，温度上升最大的原因还是越来越多的人在 21 世纪开始坐飞机，让 2020—2100 年的总排放量涨了五倍。2020—2100 年累计二氧化碳排放量是 2470 亿吨，数据引自 Olivié et al.（2012，table 3）。如果我们仅使用目前乘客的排放量水平，并假设 21 世纪剩下时间里所有空中旅行的增长率相同，那么 21 世纪余下每年的乘客排放量大约是 400 亿吨二氧化碳。0.175 摄氏度的温度上升中，能够归咎于当前乘客身上的是 0.029 摄氏度，也就是 0.05 华氏度。

31 **商务舱的反弹效应**：Bjelle，Steen-Olsen，and Wood，2018；**对不起，有证据表明**：*Guardian*，2006.

32 **未来十年**：IATA，2018.

33 **可持续燃料的碳足迹总量**：EASA，EEA，and Eurocontrol，2019.

34 **花了数十亿美元**：可参见 https://www.cleansky.eu；**国际航空运输协会**：Sullivan，2018.

35 **"想要对抗气候变化？少生孩子吧"**：Carrington，2017；**"行动节省下来的碳排放量的近 40 倍"**：

Galbraith, 2009.

36 **20 世纪 70 年代**: Healey, 2016.

37 **问题出在**: 可参见 Murtaugh and Schlax (2009); **引用最多的研究论文**: Murtaugh and Schlax, 2009.

38 **而且，根据官方的预计**: EIA, 2017b.

39 **但是人们依然在生孩子**: 如果你仍然想知道金钱上的损失，美国中产阶级养育一个孩子到 17 岁的花费预估是 233610 美元 (Lino, 2017)，远超 8100 美元的气候影响。而且显然，对父母来说，养育孩子的价值比金钱成本高多了。

第七章

1 **"现在是有利可图或接近有利可图的"**: Lovins, 1976, 83; **全球政府**: 参见 IEA (2018, 256)，用于太阳能和风力发电。

2 **在数十年内终结我们对化石能源的依赖**: 我们将在第十一章中看到明智的政策的成本。使用诺德豪斯的 DICE 模型，2015—2050 年消除化石燃料的未折现成本是将近 400 万亿美元的 GDP。

3 **这几乎算是一厢情愿**: Smil, 2014; **"认为可再生能源会让我们……"**: Hansen, 2011a. 2018 年他在《波士顿环球报》上重申了这个观点："光靠可再生能源和电池就能提供全部所需能源是异想天开。这也是一个荒唐的想法，如果所有能源都靠可再生能源和电池，将会造成因采矿和处理材料产生的巨大环境污染。更糟的是，欺骗公众让他们接受 100% 可再生能源的幻想意味着在现实中化石能源仍占主导，气候变化的影响在扩大。" (Hansen, 2018)

4 **这是为什么**: 一个相关的问题是，所有太阳能板都是在同一时间 (太阳照耀时) 产生电能。这意味着太阳能的金钱价值迅速下跌，常常会跌至 0，因为只有晴天中午的时候供应量充足。模型显示，当美国加利福尼亚州、得克萨斯州或德国的电力有 15% 来自太阳能，其平均电价会下降一半。当加利福尼亚州 30% 的电来自太阳能，太阳能的电价将会下降超过三分之二 (Sivaram and Kann, 2016)。这意味着太阳能更难以拥有竞争力。当太阳能跟化石燃料竞争，意味着太阳能板将获得未经补贴的收益，增加更多的太阳能，会让其价格下降，进而又变得没有竞争力 (Wanner, 2019)。同样的逻辑适用于风能，风能只有在有风的时候才能发电。

5 **如今，美国全国的电池**: Cal-

deira, 2019.

6 **与上一次奥巴马政府于 2017 年预测的 16.5% 几乎一致**：EIA, 2017a.

7 1900—1948 年的数据引自 EIA（2012, figure 5）；1949–2018 年的数据引自 EIA（2019c）；2019—2050 年的预测到 2050 年的 16%引自 EIA（2019a）中的参照场景。

8 **国际能源署估计**：IEA, 2019g.

9 1800—1900（Fouquet, 2009），1900—1979（Benichou, 2014; Etemad and Luciani, 1991），1971—2018（IEA, 2019g; 2019d）. 国际能源署有两种预测，2040 年的声称政策和实际政策（IEA, 2019g）。联合国对 21 世纪的未来预测了五种主要场景，此处展示到 2050 年（IIASA, 2018; Riahi et al., 2017）。

10 **半个世纪前**：IEA, 2014b；**自那之后**：World Bank, 2019d.

11 **"能源是经济增长的催化剂"**：Reuters, 2019；**确实，国际能源署估计**：参见 IEA（2014a），此处指撒哈拉以南的非洲。IEA 还在 2019 年发现了类似的结果，称之为"非洲案例"，该案例中人均 GDP 增长 3600 美元。但是分析者更倾向于，独立的增长导致了更多的能源消费。

12 **"达尔奈拒绝走入化石燃料工业陷阱"**：Greenpeace, 2014；**世界媒体**：Roy, 2014.

13 **因为太阳能太微弱**：Vaidyanathan, 2015.

14 **首席部长现身的时候**：Vaidyanathan, 2015.

15 **"毫无疑问解锁一系列发展机会"**：Bainimarama, 2013.

16 **"弹性的建设需求"**：Hills, Michalena, and Chalvatzis, 2018.

17 **一个常见的传闻**：Furukawa, 2014；**该研究还表明**：Aklin et al., 2017；**在坦桑尼亚**：Lee et al., 2016.

18 **此外，在非洲各地的调查问卷中**：Grimm et al., 2019；**即使考虑到额外的健康好处**：Kashi, 2020.

19 **近年来，能源转型年均花费 360 亿美元**：Shellenberger, 2019；**电费已经翻倍**：IEA, 2019a, 128; IEA, 2019a；**德国人将在可再生能源和相关基础设施上花费 5800 亿美元**：Shellenberger, 2019.

20 **大量开支**：Shellenberger, 2019.

21 **在 21 世纪的头十年**：IEA, 2019d.

22 **放眼整个欧盟**：IEA, 2019d；**总体上，太阳能和风能**：IEA, 2019d；**但问题在于**：Norton et al., 2019；**不必说**：Norton et al., 2019; Sterman, Siegel, and Rooney-Varga, 2018.

23 **但是，这项能源政策的耗资**：三种模型的平均值显示，欧盟“20–20–20”气候政策的 1.03 % GDP 损失是最有效的，但更现实的是 2.19 % GDP 损失（Bohringer, Rutherford, and Tol, 2009），这大概是 4080 亿美元；**实际上，20%的欧盟预算**：EPRS, 2019.

24 **如今，欧盟居民用电成本**：对美国来说是 13 美分（EIA, 2019b），对欧盟来说是 23 欧分（Eurostat, 2019a）；**在接下来的十年里**：Panos and Densing, 2019.

25 **中国“击溃”美国**：Friedman, 2005.

26 **“至少 26 万亿美元”**：Guterres, 2018.

27 **联合国估计**：IPCC, 2018, 154；**2018 年一份高盛的报告**：Trivedi, 2018.

28 **如果欧盟坚守其 2050 年的气候承诺**：根据 7 个地区模型估计，到 2050 年欧盟减少 80%温室气体排放的平均估算成本是 GDP 的 5.14 %（Knopf et al., 2013）。这一估算的前提是所有政策都能完美执行。更现实的情况是，成本会翻倍，跟欧盟的“20–20–20”气候政策一样（Bohringer, Rutherford, and Tol, 2009）。这将导致 10.3 %的 GDP 成本，即 2.514 万亿欧元。**这比目前欧盟花在……上的总额还多**：Eurostat, 2019b, table gov_10a_exp.

29 **这是为什么联合国**：UNEP, 2019, 3. “全球温室气体排放的当前水平跟排放差距报告（Emissions Gap Reports）中预测的一切照常（或无政策）情形下 2020 年排放水平几乎一致。该报告基于的前提是从 2005 年开始没有新的气候政策实行。换句话说，在过去十年，全球排放路径几乎没有什么变化。”

第八章

1 **它被称赞为……标志性壮举**：UNFCCC, 2018b；**时任法国总统**：Vidal et al., 2015；**“这是历史性时刻……”**：Vidal et al., 2015；**阿尔 · 戈尔认为**：Gore, 2015.

2 **在奥巴马总统许下的承诺中**：USNDC, 2016；**EMF 的研究**：Fawcett et al., 2014.

3 **欧盟承诺**：EUNDC, 2016；**其成本没有官方估算**：Knopf et al., 2013.

4 **中国设定的目标**：China NDC, 2016；**结果显示**：Calvin et al., 2012；Calvin, Fawcett, and Kejun, 2012.

5 **墨西哥则制定了**：Mexico NDC, 2016；**尽管墨西哥**：Veysey et al., 2016.

6 **比如，2008 年**：欧盟还做了其他承诺，但这是最重要的一个；**斯坦福大学的能源模型论坛**：Bohringer，Rutherford，and Tol，2009.“永久”那部分意味着欧盟现在可能会处于更慢的增长路径，所以即使没有类似2021年及之后的新气候政策，欧盟也会始终落后大概1%。**总体来说**：Bohringer，Rutherford，and Tol，2009. 注意，欧盟自己用了一个非常乐观的模型，估算的总成本是令人难以置信的0.5% GDP。

7 **最便宜的减排方式**：Young and Bistline，2018.

8 **因此不夸张地说**：一定要说的话，这可能还是低到离谱的数据。一项新研究表明，《巴黎协定》每年的全球成本可能达到5.4万亿美元（J. Li，Hamdi-Cherif，and Cassen，2017）。

9 **不论你怎么看**：SIPRI，2019；**每年《巴黎协定》的耗资**：Gomes，2010，47；**对比来看**：UNEP，2014，435；**它也比全球每年**：UNAIDS，2019，174.

10 **据联合国估算**：对于累计碳排放的短暂性气候反应可能的区间是每10000亿吨二氧化碳温度上升在0.2摄氏度至0.7摄氏度之间（0.8℃ ~ 2.5℃ per 1000 GtC，IPCC，2013b，16—17），0.45摄氏度可能是最符合实际的（Kriegler Elmar et al.，2018，3；Matthews，Solomon，and Pierrehumbert，2012，4369）。

11 **估计到2030年**：UNFCCC，2015；**根据联合国**：最高638亿吨二氧化碳的减少，会降低全球温度大概0.029摄氏度，肯定比0.045摄氏度少。此数据与Lomborg（2016）相近。

12 **2017年，《自然》上一篇里程碑式的文章**：Victor et al.，2017.

13 Lomborg，2020.

14 **全球都差不多**：Victor et al.，2017.

15 **相反**：CAT India，2016.

16 **一项2018年的研究**：Nachmany and Mangan，2018.

17 **转换成对温度的影响**：根据联合国每10000万亿吨二氧化碳减少0.8华氏度升温的关系推导出可减少0.43华氏度（0.24摄氏度），有两个结果分别显示0.36华氏度（0.2摄氏度）（MIT，2015）和0.3华氏度（0.17摄氏度）（Lomborg，2016）。

18 **全球变暖政策活动家**：CAT，2018.

19 **事实上，如果我们用金钱来衡量**：Lomborg，2020.

20 **超过60个国家承诺**：Sengupta and Popovich，2019.

21 **2007年，新西兰总理海伦·克拉克**：ECOS，2007；**2019年的最新官方统计**：新西兰环境部显示的对比是8140万吨（2019a）和8100万吨（2019b）；**新西兰的排放量**：以1990年为100%，她的承诺是1990年100%的水平，但2020年实际的排放量可能是1990年排放量的123%；**旨在实现此目标的立法**：Tidman，2019.

22 **对于一个人口跟爱尔兰或南加利福尼亚州差不多的小国来说**：NZ Treasury，2019，table 4. 所有新西兰的货币成本都转换成美元计算。

23 **实现全部目标**：NZIER，2018，16. 三种ZNE情形的平均值，见顶部表格11（NZD 873亿），所有金额以美元计算。**这比新西兰现今花在……还多**：NZ Treasury，2019，table 4. 所有日常花费，鉴于新西兰经济研究所的873亿美元是按2015年的美元购买力平价计算的，成本用2019年的美元计算甚至更高。

24 **为了实现目标**：一项1500美元的二氧化碳税等于每加仑8.33美元（2.2美元/升）。

25 **如果政策执行糟糕**：这里使用的是该报告自己的GDP增长，按线性比例给出了从2020年的0到2050年的16%然后一直保持到21世纪末的16%。人均成本使用了新西兰21世纪的平均人口，联合国预估的是560万人（UNDESA，2019）。

26 **作为粗略的估算**：根据联合国共享社会经济路径2（IIASA，2018），按照2010年的购买力平价计算，2050年美国GDP是27万亿；**这比目前整个联邦的全部支出4.5万亿还要多**：Amadeo，2019.

27 **如果我们假设**：21世纪的总削减量大概是540亿吨二氧化碳，使用每10000吨二氧化碳减少0.8华氏度升温的关系来估算意味着减少约0.004华氏度（0.0024摄氏度）升温；**鉴于2100年左右的预期升温**：随着共享社会经济路径2中2090—2100年这十年每年温度上升0.0675华氏度（IIASA，2018），这意味着0.004华氏度的温度减少将提前23.5天，在2100年1月1日出现。

第九章

1 **到2030年**：正如我们在第八章对《巴黎协定》的成本估算中所见。

2 **以上言论听起来像是极端的断言**：共享社会经济路径从2014年开始勾勒（O'Neill et al.，2014；van Vuuren et al.，2014），并发表于2017年一期特刊中（Riahi et al.，2017）；**他们研究了五种不同的未来设想**：（Riahi et

al., 2017).

3 **该预测基于历史**：Bolt et al., 2018; Maddison, 2006.

4 所有金额均为按2011年美元购买力平价调整后的结果。右侧是2100年人均GDP的增长与2020年人均GDP的比较。2100年，在化石燃料情形中，人均GDP是2020年的1040%(IIASA, 2018; Riahi et al., 2017)。

5 **健康和教育进步缓慢**：Fricko et al., 2017; **根据2018年一项对知名经济学家的调查**：Christensen, Gillingham, and Nordhaus, 2018.

6 **最后一种路径**：Jiang, 2014.

7 **这对当下的我们来说可能是异想天开**：Christensen, Gillingham, and Nordhaus, 2018.

8 **两种场景**：Rao et al., 2019; **未来三十年**：这是2020—2050年间的平均值，有些年份高，有些年份低；**国家间不平等指数下降得尤其剧烈**：Riahi et al., 2017, figure 2D; **到2100年**：Lomborg, 2020.

9 **在垫底的两大方案中**：KC and Lutz, 2017, 189; **当下全球的文盲率**：Riahi et al., 2017, 158; **全球范围的预期寿命**：Lutz, Butz, and KC, 2014, 669.

10 在可持续发展和化石燃料发展场景中的全球人均GDP(IIASA, 2018)。虚线表示没有考虑气候情况的人均GDP。实线表示减去气候损失的人均GDP，如诺德豪斯在图表17中所估算的。因此，温度更低的可持续发展场景在2100年造成温度上升3.26摄氏度。这意味着人均名义GDP和实际预估福祉相比少了2.5%，温度更高的化石燃料发展场景将在2100年温度上升4.9摄氏度，这会造成人均名义GDP减少的更多——5.7%。

11 **2018年末**：*Guardian*, 2018; **他们及"无增长经济"的全球支持者**：Institutet för nerväxtstudier, 2018.

12 **研究者发现**：Keeney, 1990; Lutter and Morrall, 1994; Lutter, Morrall, and Viscusi, 1999; Broughel and Viscusi, 2017; Hahn, Lutter, and Viscusi, 2000; **用文献中的估算**：Lomborg, 2020. 因为人都会死，我们并不能避免这三百万人死亡，但我们避免了三百万人的过早死亡。

第十章

1 **"富人污染，穷人遭殃"**：*Economist*, 2017.

2 **"减碳三分之一，拯救贫困人口"**：Elliott and Seager, 2007.

3 **通常情况是**：Aronoff, 2019.

4 **我们看看**：NDRRMC, 2014; **塔**

克洛班建在：Athawes, 2018; **1912 年**：Galvin, 2014; *Washington Herald*, 1912. 这表明"一半的人口"失去了生命，而塔克洛班的人口是 1.2 万。

5 **菲律宾代表**：Climate Home News, 2013; **据《卫报》报道**：Vidal, 2014.

6 **一项 2016 年的研究**：根据 Bakkensen and Mendelsohn（2016），具体数据为 27%。

7 **尽管如此，投资适应措施**：假设人均 GDP 与脆弱的基础设施是以同样的速率增长的。

8 **还能帮助减少**：Bakkensen and Mendelsohn, 2016.

9 **但是一项 2018 年发表在《自然气候变化》上的综合性研究**：Hasegawa et al., 2018.

10 **一项 2019 年的研究**：Campagnolo and Davide, 2019.

11 数据引自 IIASA（2018）。气候损失由诺德豪斯的 DICE 模型估算（W. Nordhaus, 2013）。

12 **使用威廉·诺德豪斯的区域定义气候变化成本模型**：W. Nordhaus, 2010; 2013.

13 **活动家曾宣称**：Connor, 2014; **我们现在不常听到这种担忧了**：Roser and Ritchie, 2019b.

14 **一项研究**：Tol and Dowlatabadi, 2001.

15 **但是发达国家实施《京都议定书》**：Tol and Dowlatabadi, 2001.

16 **20 年前**：Guo, Song, and Buhain, 2015, 716; **欧盟一马当先**：European Union, 2003, Article 3（b）, ii; **发展中国家**：Monbiot, 2007.

17 **这一运动起初**：WWF, 2007; NDRC, 2008; **据行动救援组织计算**：ActionAid, 2012.

18 **生物燃料的剧增**：Chakrabortty, 2008; **2008 年食物价格第一次上涨之后**：Nebehay, 2008; **世界银行**：Ivanic, Martin, and Zaman, 2011.

19 **许多环保团体**：目睹 NDRC 仅从 2008 到 2009 年语气就有极大不同（NDRC, 2008; 2009）;**《卫报》专栏作家**：Monbiot, 2007.

20 **一项 2019 年的研究**：Chambers, Collins, and Krause, 2019.

21 **国际能源署估计**：IEA, 2017, 25.

22 **居室寒冷**：Kahouli, 2020; **研究估计**：Chirakijja, Jayachandran, and Ong, 2019.

23 **人们的取暖能力降低**：实际的死亡增长可能更高，因为本研究只观察了天然气使用，而更全面的气候政策会影响许多其他为房屋供暖的方式。

24 **在英国**：Ofgem, 2018; **日趋严格的气候立法**：Department for Business, Energy & Industrial

Strategy, 2019. 使用英国国家统计局 2006—2016 年和 2017 年的最新数据。**毫不意外**: NEED, 2019.

25 **一项英国的民意调查**: *Belfast Telegraph*, 2014.

26 **研究显示，总体上**: Lomborg, 2018.

27 统计金额包括了缓解措施和适应措施的救助（Hicks, 2008, 37; OECD-DAC, 2019; OECD, 2019）。

28 **事实上，他们**: IEA, 2017, 53; **相当于美国一台平板电视一年用电量的一半**: IGS, 2019; **这点电甚至不够把暖气或炉子烧热**: Institute for Health Metrics and Evaluation, 2019.

29 **它意味着新接入公网电的家庭收入平均增长 21%**: Khandker, 2012.

30 **2016 年，一项探究了孟加拉国能源选择的研究**: Gunatilake, Roland-Holst, and Larsen, 2016.

31 **拒绝孟加拉国从中获益**: 当然，孟加拉国的实际损失要高得多，因为它同时还要为发电站花钱。对孟加拉国来说，收益大概是损失的 25 倍。**孟加拉国的能源短缺**: World Bank, 2017.

32 **我们必须**: Hance, 2017.

33 **当下全球大约有 6.5 亿赤贫之人**: Roser and Ortiz-Ospina, 2019a; **结果是**: Ortiz-Ospina, 2017. 他们是用 8 亿穷人的数量估算的，如果是 6.5 亿穷人，成本甚至更低。

第十一章

1 **事实上，它不只向消费者显示**: W. Nordhaus, 2013, 6—7.

2 **不幸的是，课以碳税的另一个后果是**: 任何税都是如此，比如 Romer and Romer（2010）; **它迫使个人和公司**: Tol, 2019, 32.

3 **使用诺德豪斯的模型**: 通过收集五个世纪的所有成本，并以当下支付的形式表现出来，我们得到了 140 万亿美元的结果，这意味着如果我们把 140 万亿美元存进今天的银行，利率是大约每年 4%，刚好足够支付未来五百年气候变化造成的净损失。

4 **碳税**: Tol, 2019, 35—39.

5 W. Nordhaus, 2018.

6 **动态气候经济模型**: 注意诺德豪斯的模型实际上包括了已经实施的政策的些许成本。

7 W. Nordhaus, 2018.

8 **这意味着**: 注意，为了能和上述讨论的气候变化成本相比较，这一政策的成本也折算成了我们要在今天支付的金额的水平。

9 **注意我们没有包括**: 正如诺德豪斯所言: “即使是用最具雄心

的削减策略，2 摄氏度的限制在合理可用的技术条件下似乎也难以做到。”（W. Nordhaus，2018，334）

10 W. Nordhaus，2018.

11 **在诺贝尔经济学奖获得者威廉·诺德豪斯的经济模型中**：W. Nordhaus，2018.

12 **即使最初几十年**：W. Nordhaus，2018.

13 W. Nordhaus，2018.

14 **看看法国**：每加仑 13 美分，即每升汽油不到 4 美分，或每升汽油 3 欧分。

15 **单这一点就让成本翻倍**：Akimoto，Sano，and Tehrani，2017.

16 **正如我们在第八章所见**：Bohringer，Rutherford，and Tol，2009；**类似地，包括纽约州**：Young and Bistline，2018.

17 Lomborg，2020.

18 Lomborg，2020.

19 未来五百年 GDP 的总值以当前净值形式表现，其数量是 4629 万亿美元。如果以今天的实际利率投资，正好能够支付未来五百年每年的预期 GDP。

20 **但是，最优政策的影响**：如果我们不管理全球碳税的买入，其影响将会更小，尽管其成本也同样可能在减少。同等规模的碳税可能依然对单个国家来说是有效的，尽管有些碳排放会流入低碳税或无碳税的国家。

第十二章

1 **从 18 世纪到 19 世纪中期**：18 世纪大部分时期，鲸油只有巨富用得起，但到了 1850 年，它已经占据了油气照明市场 65.5 % 的份额（Kaiser，2013，9）。1860 年，在宾夕法尼亚州第一座油井诞生仅仅一年后，就只占据 20 % 的市场份额了。**巅峰时**：Dolin，2008，242；L. E. Davis，Gallman，and Hutchins，1988.

2 **在 19 与 20 世纪之交**：Stephen Davies，2004.

3 **“养活人类的斗争已经结束……”**：Ehrlich，1968，11.

4 **这种观点认为印度完蛋了**：Ehrlich，1968，160；**普遍看法是**：Ehrlich，1968，40—41.

5 **结果就是谷物产量暴涨**：Encyclopedia Britannica，2020.

6 **到了 1980 年，印度**：FAO，2019；Roser，Ritchie，and Ortiz–Ospina，2019；**人均食物供给能量**：Roser and Ritchie，2019a；**印度现在是世界上最大的大米出口国**：Statista，2019.

7 **我们将需要额外的农田**：Bailey，2013.

8 **国际能源署预计**：IEA，2019g；**化石燃料的廉价**：IEA，2019g.

9 **水力压裂技术降低了油和气的价格**：Chirakijja，Jayachandran，and Ong，2019；**它极大地增长了美国的财富**：Melek，Plante，and Yücel，2019.

10 **它也对环境有切实的负面影响**：Loomis and Haefele，2017；**最大的研究**：这一成本似乎忽视了水力压裂技术也会让烧气地区的颗粒物空气污染比烧煤地区的更低（在美国通常并非如此）。这一估算是每年产生170亿美元的收益，抵消了因水力压裂技术而产生的75%的坏处（Johnsen，LaRiviere，and Wolff，2019）。

11 **水力压裂技术**：Golden and Wiseman，2015；**水力压裂创新**：Golden and Wiseman，2015；**关键是，天然气的二氧化碳排放量大约是煤炭的一半**：水力压裂技术也排放更多的甲烷（也是一种温室气体），一些人猜测甲烷的额外排放可能超过更低的二氧化碳排放。包括美国环保局在内的所有主流研究都表明这种可能性极小。把甲烷考虑在内，在发电领域，从煤炭转向天然气在所有时间段内都是有正向气候收益的（Raimi and Aldana，2018）。**这是过去十年**：EIA，2018. 使用的数据来自全球碳计划（Global Carbon Project，2019b），显示二氧化碳排放量减少了5.11亿吨，其中英国减少1.66亿吨，意大利减少了1.29亿吨，乌克兰减少了1.01亿吨。

12 **事实上，2011年后的每一年**：BP，2019；**如果中国把部分电力生产变成天然气驱动**：鉴于中国的煤炭空气污染巨大，更多地使用水力压裂技术生产天然气或许也能让大多数地方的大多数人都能享受到更清洁的空气，尽管实施水力压裂技术的所在地空气污染会更严重。

13 **我们和27名全球顶级气候科学家、3名诺贝尔奖获得者合作**：Lomborg，2010.

14 **从那时起，我与众多人**：我们甚至设法在2010年登上了《卫报》的封面头条，呼吁1000亿美元的研发资金（August 10，2010）；**最具前景的进展**：Cama，2015.

15 **国际能源署的数据表明**：IEA，2019c.

16 **全球来看，私企**：IEA，2019f，160；**从全球GDP占比来看**：IEA，2019f，160.

17 绿色投资是所有研发减去化石燃料投资（例如能源效率、可再生能源、核能、氢能和燃料电池等电能和存储技术，其他跨学科技术、研究及未分配资源）（IEA，2019c）。GDP数据来自世界银行（2019e），与BEA（2019）

调整适配。

18 **全球来看，2020年**：IEA，2018，256.

19 **1893年芝加哥世界博览会之前**：Walter，1992；**其中不乏大量令人难忘的错误预测**：Walter，1992，117；Walter，1992，59；Walter，1992，67；Walter，1992，26.

20 **他们把电子邮件预测出来了**：Walter，1992，66；**航空旅行变得司空见惯**：Walter，1992，187；**多位专家预测**：Walter，1992，213.

21 **其中一人认为**：Walter，1992，66；**有的人意识到**：Walter，1992，60，144. 事实上，正是从那时起电开始变得便宜，价格逐步下降至原先的四十分之一至六十分之一，大大驱动了美国和全世界的发展。19世纪80年代1千瓦时电的零售价是28美分（Schobert，2002，188），以今天的美元计是7.6美元（CPI，2019）。1902年，电价是16.2美分（Census，1975，vol. 2，S116），也就是今天的5美元。到2018年，电的平均零售价是12.87美分（EIA，2019a）。

22 **但这只占到了全球能源存储的不到1%**：Gür，2018，2699.

23 **我个人最欣赏的想法**：Rathi，2018.

24 **如果我们不考虑抽水存储**：彭博社2019年估算总量为7吉瓦时，世界每秒使用0.84吉瓦时（IEA，2019g）；**新闻头条不停在说**：John，2019；**国际能源署预计**：IEA，2019g，253；**但是，这也依然只能**：国际能源署并没有表达其330吉瓦的能源容量，而是使用了跟彭博社一样的表达，换算为859吉瓦时，即更高的1.3吉瓦时电力消耗可以使用近11分钟。彭博社估算的2850吉瓦时等于2040年的36分钟。**虽然电站级的太阳能板**：Lazard，2019a，2；Lazard，2019b，4.

25 **该国承诺推行强力政策**：从2018年的62吉瓦到2040年的620吉瓦（IEA，2019g，295）；**注意，这不会终结煤炭的统治地位**：IEA，2019g；**大量额外存储设备**：IEA，2019g，294；**其造成的部分后果是**：IEA，2019g，296.

26 **国际能源署预计**：IEA，2019g，296—297. 减少3.2亿吨二氧化碳，也就是略少于全球化石燃料排放的1%。

27 **核能并不排放二氧化碳**：核能实际上是在建造和拆散的时候释放温室气体，但在生命周期中只占很小一部分（IPCC，2014b，539）；**在正常的操作环境下**：因为煤炭只有少量的放射性物质在燃烧时释放（Chiras，1998，266）；**尽管我们会想到**：Markan-

dya and Wilkinson, 2007.

28 **核能还没成为撒手锏的原因是**: Lazard, 2019a. 拆散核发电站的成本可以达到建造成本的十倍(Cunningham and Cunningham, 2017, 441)。**芬兰最新耗资 350 亿美元的核能发电站**: Deign, 2019; **后又说要在 2021 年启用**: Edwardes-Evans, 2019; **后来又说可能在 2022 年启用**: AFP, 2019.

29 **一项 2017 年的调查显示**: Lang, 2017; **在法国和美国**: Grubler, 2010, 5182—5183; Berthélemy and Escobar Rangel, 2015; **一项 2017 年的调查指出**: Lang, 2017.

30 **慈善家比尔·盖茨**: TerraPower, 2019; Reuters, 2017; **中国的研究者也发现**: Z. Zhang, 2019; **还有人建议采用模块化设计**: N. Johnson, 2018.

31 **一项 2019 年的研究**: Lazard (2019a, 2) 发现核能每千瓦时 11.8—19.2 美分, 而 EIRP(2017) 发现平均成本是 6 美分, 最佳状态是 3.6 美分, 比天然气的 4.4 美分低。

32 **第三个加大研究能产生重大影响的领域是空气捕获**: Sanz-Pérez et al., 2016; Pires, 2019; Roger A. Pielke, 2009.

33 **2007 年, 企业家理查德·布兰森**: Branson, 2019.

34 **2011 年**: APS, 2011; **2017 年的一项综述**: Ishimoto et al., 2017; **我们应该对这些说法持谨慎态度**: Keith et al., 2018.

35 **如果我们能实现这么低的成本**: 这是联合国中间道路的情形, 拥有 790 亿吨二氧化碳当量排放, 231 万亿美元的经济体, 平均每吨 5 美元 (或总成本 3950 亿美元)(IIASA, 2018)。

36 **因为海藻将阳光和二氧化碳变成石油**: Herper, 2017.

37 **解决全球变暖**: 年均 1920 亿—4080 亿美元成本, 即占 GDP 的 1.03%—2.19% (Bohringer, Rutherford, and Tol, 2009)。

第十三章

1 **人们不仅可以忍受**: Formetta and Feyen, 2019.

2 **归根结底**: Auffhammer and Mansur, 2014; **另一方面**: Berrittella et al., 2006.

3 **相反, 适应措施**: Kongsager, 2018, 8; **事实上, 大多数适应措施**: Fankhauser, 2017, 215.

4 **在发达国家**: Agrawala et al., 2011, 29.

5 **在更湿润的地方**: Seo and Mendelsohn, 2008.

6 **纵览全球**: M. Chen et al., 2018; Gezie, 2019; Bakhsh and Kamran, 2019.

7 **埃塞俄比亚**：Di Falco, Veronesi, and Yesuf, 2011.

8 **但奇怪的是**：Kongsager, 2018.

9 **事实上，海平面**：1850—1870年的平均值到2010年增长了约31厘米，或1.01英尺（Jevrejeva et al., 2014）。

10 **全球适应研究最清晰的结论之一**：Lincke and Hinkel, 2018; Markanday, Galarraga, and Markandya, 2019; Hinkel et al., 2014; **研究显示**：Hinkel et al., 2014.

11 **总成本**：Lincke and Hinkel, 2018, table S1.

12 **"海岸防护"**：Markanday, Galarraga, and Markandya, 2019, 19.

13 **红树林保护和恢复的收益**：Global Commission on Adaptation, 2019, 14, 31.

14 **荷兰已经提供了一种方式**：EEA, 2018; Rijke et al., 2012.

15 **如果没有洪水防护措施**：美国和加拿大的数字（Lim et al., 2018, figures 2a and 3a）；**美国建筑科学研究院**：NIBS, 2018; **在欧盟**：Rojas, Feyen, and Watkiss, 2013.

16 **事实上，它是美国受洪水影响最严重的城市**：Satija, Collier, and Shaw, 2016.

17 **为了有这么大的空间**：Berke, 2017; **从20世纪80年代开始**：Houston Chronicle, 2017; **一项2018年的研究**：Muñoz et al., 2018.

18 **2019年，休斯敦**：Anchondo, 2019; **一项2019年的研究**：Davlasheridze et al., 2019.

19 **在休斯敦北部某个地区**：Baddour, 2017.

20 **鼓励业主简单改造房子和土地**：Markanday, Galarraga, and Markandya, 2019.

21 **尽管90%的人都听到了警告**：Hossain, 2018.

22 **1991年**：Bern et al., 1993; **从1991年开始**：Paul, 2009; Haque et al., 2012; **在21世纪第二个十年**：Centre for Research on the Epidemiology of Disasters, 2019.

23 **据估计**：Global Commission on Adaptation, 2019, 49; **就河水泛滥而言**：Markanday, Galarraga, and Markandya, 2019; **就大量降水而言**：Markanday, Galarraga, and Markandya, 2019.

24 **建筑规范也同样重要**：Flavelle, 2018; **如果这一规范**：NIBS, 2018, 2, 58.

25 **这座城市在20世纪60年代深受大火之害**：Montana State University, 2019.

26 **一名火灾专家**：Kaufman, 2018.

27 **城市越来越成为我们的居住场所**：IIASA, 2018.

28 **比如在夏季**：Kenward et al.，2014.

29 **1995年芝加哥的致命热浪之后**：Biello，2014；**目前已经给46万平方米的楼顶**：City of New York，2019；**洛杉矶开始**：McPhate，2017；**理论模型显示**：Georgescu et al.，2014.

30 **在伦敦**：Wilby and Perry，2006，92.

31 **如果我们显著增加公园和水面面积**：Greater London Authority，2006，11；**伦敦的分析**：Greater London Authority，2006，12.

32 **一项2017年的研究**：Estrada，Botzen，and Tol，2017；**不幸的是，绿色楼顶**：Estrada，Botzen，and Tol，2017. 另一项研究发现"绿色措施"能够为1美元的投入带来2美元的回报（Markanday，Galarraga，and Markandya，2019）。

33 **拥有游泳池的人**：Adler et al.，2010.

34 **在芝加哥**：Adler et al.，2010，33；**法国采取了类似的行动**：P. Ford，2019，20.

35 **2010年一次死掉1.3万人的热浪**：Kaur，2017；**2015年类似的热浪**：Ahmedabad Municipal Corporation，2016.

36 **2019年，市长比尔·德布拉西奥**：Goldman and Flavelle，2019.

37 **帕拉代斯是工人社区**：Kaufman，2018.

第十四章

1 **爆发将大量二氧化硫注入平流层**：Proctor et al.，2018.

2 **科学家提出了一系列传输机制**：Baskin，2019.

3 **有人担心某个半球天空变黑**：Bradford，2017；**还有人担心会阻碍光合作用**：Meyer，2018.

4 **其中最便宜有效的方式**：NRC，2015，101ff.

5 **船队把海水的水汽洒到30多米的空中**：Mims，2009.

6 **这是一个充满诱惑的可能性**：前面讨论的140万亿美元是未来五个世纪的成本。

7 **如果改变地球温度**：J. L. Reynolds and Wagner，2019.

8 **如果他们是对的呢**：灾难性影响是诺德豪斯给气候变化成本增加了25％的原因之一，它已被包括在我们曾用来寻找最佳碳税的模型中。**潜在的隐患显而易见**：地质工程不会这么直接就能推行，因为不是所有国家都有着相同的利益。想象一下，如果真的有全球温度自动调节器，这一权力应该由谁掌握呢？赤道国家可能非常想降低温度，而俄罗斯、加拿大和挪威可能很想提高温度。记住，对于一些国家如英国和波兰，短期的全球变暖具有正收益，尤其是对农业来说。降低全球平均温度并不符合每个国家的短期利益，这让协商更加棘手。很难想象领导人们真的在全球“正确”温度上达成共识。从这一角度来说，唯一符合实际的目标可能就是让温度回归“曾经”，因为这是世界的中心焦点（是唯一显然有共识的温度），也是全球大部分人都已经习惯了的。

9 **2019 年一项……的调查**：Dannenberg and Zitzelsberger，2019.

10 **反对地质工程的关键理由**：Geoengineering Monitor，2020.

11 **如果我们用像平流层气溶胶注射那样的技术减少了阳光**：Proctor et al.，2018.

12 **大多数人遇到的极端天气都会减少**：Irvine et al.，2019.

13 **同样的推论**：Corner，2014；Hamilton，2015.

14 **即使面对众多气候变化活动家的反对**：Kintisch，2017；**在《巴黎协定》达成之后**：Bawden，2016.

15 **他们发现**：Bickel and Lane，2009；**全球极少数建造撒盐船原型的组织之一**：Kunzig，2008.

16 **这是令地质工程实际起作用的合理投入水平**：Lane et al.，2009.

第十五章

1 **两国都面临着全球变暖的强劲挑战**：Bos and Zwaneveld，2017，12；Dasgupta et al.，2011，168.

2 **“三角洲工程”**：Aerts，2009，40；**自 1953 年起**：EM-DAT，2020.

3 **相反，孟加拉国**：注意，“正常的”洪水在孟加拉国是有益的，为作物生产提供了水源，补充了地下水位，提升了土壤肥沃度，支持了鱼类生产（Banerjee，2010）。问题来自极端洪水，每四到五年都会发生（Dasgupta et al.，2011）。**2019 年，洪水迫使**：AlJazeera，2019；**在 21 世纪的头二十年里**：EM-DAT，2020；**每年洪水都造成巨大破坏**：Ferdous et al.，2019.

4 **随着孟加拉国变富**：这是全球现象（Jongman et al.，2015）；**道路和铁路的洪水防御工程**：Dasgupta et al.，2011.

5 **如今，孟加拉国每年要花将近 30 亿美元**：IEA，2020.

6 IIASA，2018；W. Nordhaus，2013.

7 **荷兰正在植树造林**：世界银行（2019e）显示孟加拉国 21 世纪已损失占国土面积 0.3% 的森林，而荷兰则在其领土上额外种植了 0.5%的森林；**全球湿地面积及其生物多样性**：Schuerch et al., 2018；**总体来说，发达国家**：Schuerch et al., 2018.

8 1992 年：Schelling, 1992.

9 **回答谢林猜想最有力的例子**：Letta, Montalbano, and Tol, 2018.

10 **2012 年的一项研究**：Anthoff and Tol, 2012.

第十六章

1 **图 16.1 是我与十个世界级经济学家团队合作完成的工作**：Lomborg, 2013. 为了保证可比性，所有分析都估算了不解决问题的成本，所以，通过假设每个人都吃饱饭的情况下世界每年将会变得多富来计算营养不良的成本。健康也是如此（如果易治愈的疾病被治愈了世界会变得多富有）。为了保证在长时间段里成本可以比较，只调查了问题的"永久"部分（教育有很多挑战，但只显示了对文盲成本的估算），所以这些成本绝对是被低估了，请记住这一点。图 16.1 展示了世界正在急速向成本更低的问题靠近。

2 **其次，这一数据告诉我们**：原始的分析总结了 1900—2050 年全球变暖的成本，但正如我在第五章中所言，成本非常之小（甚至在过去是略带收益的），以至于在图 16.1 中都看不见。它还总结了生物多样性、水资源和环境卫生的成本，它们也都非常之小，此处未展示。相反，图 16.1 显示了 2015—2100 年最优政策下的气候变化成本，由威廉·诺德豪斯计算。到 2100 年，其成本将达到 GDP 的 2.86%。如果全球没有任何气候政策，到 2100 年气候变化成本则将占 GDP 的 3.98%。

3 基于 Lomborg（2013）的估算，每个问题的估算显示，如果问题得以解决，世界可能变富的程度（所有问题的成本之和可能超过 100%）。为了参照，此处展示了诺德豪斯 2015—2100 年最佳 3.5 摄氏度场景下各问题成本占全球 GDP 的比例。

4 **全球被调查人口中有一半认为**：M. Smith, 2019.

5 **他是约翰尼·卡森主持的《今夜秀》节目的常客**：Hall, 2009；**"在未来 15 年内……"**：Retro Report, 2019, 5: 40. "尽管如此，埃利希继续宣称文明距离崩溃只有数十年了"（Carrington, 2018）。**其他有影响力的学者**：*Environmental Action*, 1970, 25；*New York Times*, 1970；**比如《生活》杂志**：*Life*, 1970.

6 **埃利希预测**：他预测了“死亡率将上升，直到未来十年每年至少有1亿—2亿人饿死”（Collier, 1970, 293）；**他错了99%**：20世纪70年代，大约有330万人饿死，其中超过一半是因为1979年越南入侵柬埔寨（Hasell and Roser, 2017）；**他宣称**：Editors of *Ramparts*, 1970, 7；**洛杉矶人**：Parrish and Stockwell, 2015.

7 **“欠发展地区唯一可能的救赎”**：Editors of *Ramparts*, 1970, 9；**一些研究者**：Ehrlich, 1968, 135；**这为结束……提供了紧迫性和合法性**：R. J. Williams, 2014, 485；**仅1976年一年时间**：Biswas, 2014.

8 **他们认为持续的食物援助会导致更多孩子出生**：Ehrlich, 1968, 78—80.

9 **这种关注很大程度上是因为**：Carson, 1962；**但是即使在当时**：Carson, 1962, 227；WHO, 2019；**即使是联合国**：Canberra Times, 1977；Doll and Peto, 1981, 1256.

10 **由此产生的全国性恐慌**：对美国国家环保局来说，其最初的几十年尤其如此（Colborn, Dumanoski, and Myers, 1996, 202）；**监管毒素的总成本**：Graham, 1995, 1；**哈佛大学的一个研究团队**：Tengs et al., 1995；Tengs, 1996；Tengs and Graham, 1996；**苯排放控制**：Graham, 1995.

11 **在拥有足够数据的185项救命监管措施中**：Tengs and Graham, 1996；**然而，如果**：Tengs and Graham, 1996；**粗暴点说**：这一数字毫无疑问太低了，因为哈佛的研究只评估了已经用成本效益分析评估过的监管措施。这种不平衡的另一个观察视角是，美国国家环保局建立的头几十年里，其典型的救命监管措施每1美元的公共支出只产生4美分的收益（Tengs et al., 1995），研究结论在Morrall III（2003）中大体得以确认。成本效益的估算基于环保局及其他机构的中位数成本，使用的是环保局自己估算的一年拯救一条生命的价值——32.4万美元（按1990年的美元价值计算是29.3万美元）（EPA, 1997, ES–6）。其他不受毒素恐慌影响的联邦机构浪费的资源则少得多，通常他们的收益是成本的3—14倍。

12 **“每座城市……”**：Eisenhower, 1961.

13 **苏联增长的统计数字**：Trachtenberg, 2018.

14 **单欧盟排放交易的头八年**：Woerdman, Couwenberg, and

Nentjes, 2009; Hintermann, 2016; **能源公司花在气候变化上的游说费用翻了三倍**: Brulle, 2018, 295.

15 **“如果《京都议定书》施行……”**: Morgan, 2002. 该备忘录可以在Palmissano(1997)中找到。

16 **安然公司吹嘘**: Palmissano, 1997.

17 **我在哥本哈根共识中心**: Copenhagen Consensus Center, 2019.

18 比如，可再生能源翻倍会产生因更好的能源接入而带来的经济收益，以及因更低的二氧化碳排放带来的环境收益；每花1美元，产生的社会、环境、经济总收益就价值80美分。避孕措施的推广普及能降低孕妇和儿童死亡率，提升对育儿的投资，进而推动更高的经济增长；每1美元的投入可产生价值120美元的总收益。以上全部引自Lomborg(2018)。

19 **全球范围内，更自由的贸易**: Anderson, 2018.

20 **在抗击婴儿营养不良上每花1美元**: Horton and Hoddinott, 2018; **以这一研究为依据**: Department for International Development et al., 2013.

21 **只需年均大概60亿美元**: Vassall, 2018; **“我做过的最佳投资”**: Gates, 2019.

22 **全球发展中国家有2.14亿女性想避孕**: WHO, 2018; **在避孕和家庭生育规划教育上每花1美元**: Kohler and Behrman, 2018; **这一研究近期说服了英国政府**: Department for International Development and Alok Sharma, 2019.

后记

1 **事实上，一项近期的调查**: Dechezleprêtre et al., 2022.

2 **但是，这一削减量**: Jones et al., 2021; **新冠肺炎疫情期间的削减量**: UN, 2020.

3 **他承诺**: White House, 2024; 2023.

4 **拜登总统实现这些宏伟目标的主要工具**: White House, 2024; **2022年8月签署该法案时**: White House, 2022.

5 **而且，这么大的支出**: Lomborg, 2022.

6 Lomborg, 2023b.

7 **尽管如此**: Gelles et al., 2023.

8 **拜登政府能源信息署**: EIA, 2023.

9 **我一开始写这本书的时候**: Friedlingstein et al., 2023; **事实上，拜登政府**: Pielke, 2023.

10 **英国《卫报》**: Harvey, 2021; **联合国秘书长**: UNO, 2021.

11 **事实上，在其最新的研究中**: Lomborg, 2023a.

12 **他们花了几百页讨论了这一点**: IPCC, 2021, 1856. 图表在第十二章，为图 12.1。

13 **拜登总统的前国家气候顾问**：Axios（2022），就在第 14 分钟后。

14 2019 年心血管疾病和癌症死亡数据来自美国健康指标和评估研究所（2021）；过去十年因冷致死和因热致死平均人数来自 Vicedo-Cabrera et al.（2018）；极端天气死亡数量来自 NWS（2020）。

15 **本书第一次出版之后**：Zhao et al., 2021.

16 Zhao et al., 2021. 避免的死亡人数由 2016—2019 年 5540 万总死亡人数的平均数计算得出，数据来自美国健康指标和评估研究所（2021）。

17 基　于 MODIS Collection 6 MCD64A1 的烧毁面积数据（Giglio et al., 2018），其主要作者统计的至 2022 年的数据，以及使用基于全球野火信息系统（Global Wildfire Information System）　对 2023 年烧毁面积的快速估算值（与 2012—2022 年的 99.4% 相比）做出的对 2023 年烧毁面积的估算数据（GWIS, 2024）。

18 **尽管下降了**：Bahr, 2022；**其封面大图**：*New York Times*, 2021.

19 **2023 年**：Mendelsohn, Maddison, and Shaw, 2023.

20 **在这本学术期刊里**：Tol, 2023.

21 **另一篇由麻省理工学院经济学家撰写的经同行评审的论文**：Morris et al., 2023.

22 使用全球 GDP 估算值，基于 2023 年美元购买力平价估算 2020—2100 年三种预估损失中每一个的成本与收益，以及每一年预估的成本与收益（Morris et al., 2023），其与共享经济社会路径（SSP2）中 2020—2100 年的 GDP 估算值非常近似。此数据代表了 2020—2100 年三种成本的平均值和 2020—2100 年估算收益的平均值。

23 **因新冠肺炎疫情大幅下降的预期寿命**：Life expectancy for 2023 from UNPD, 2023；**2023 年全球谷物收获量**：FAO, 2023；**2023 年也可能是**：Yonzan, Mahler, and Lakner, 2023.

24 1900—1997 年的数据来自 Carter and Mendis（2002）；　截　至 2022 年的数据来自世界卫生组织（2023）；2060 年的预估来自世界卫生组织（2016）；2030 和 2050 年因疟疾致死的增长数据来自世界卫生组织（2014）。Carter, R., & Mendis, K. N.（2002）. “Evolutionary and Histori-cal Aspects of the Burden of Malaria.” *Clinical Microbiology Reviews* 15（4），564—594. https://doi.org/10.1128/CMR.15.4.564-594.2002.

25 1990—2019 年的数据来自美国健康指标和评估研究所（2021）；2030 和 2050 年的数据来自世界卫生组织（2014）和美国健康指标和评估研究所（2021）。“GBD 2019”，http://ghdx.healthdata.org/gbd-results-tool.

26 **一项 2018 年刊登在……上的研究**：Hasegawa et al.，2018.

27 **我们经同行评审过的全新研究**：你可以在 Lomborg（2023d）阅读免费的独立研究文章；还可以在 Lomborg（2023c）阅读完整的文章。